ART, DESIGN AND THE CITY : ROPPONGI HILLS PUBLIC ART PROJECT 1

ART, DESIGN AND THE CITY
ROPPONGI HILLS
PUBLIC ART PROJECT 1

アート・デザイン・都市 六本木ヒルズ パブリックアートの全貌 1

RIKUYOSHA

MORI ART MUSEUM

((• Contents & Map

ごあいさつ

その昔、人々の楽しみは神社・仏閣にお参りすることでした。たとえば江戸時代、お伊勢参りは庶民の最大のエンター
テインメント・ツアーでした。人々はそこで信仰心を満足させるだけでなく、さまざまな人々や文化との出会いを楽しみ、
歌や踊りに酔い、舌鼓を打ち、新しい情報を仕入れて国に帰り、その体験を伝えました。そうした人々でにぎわい、
様々な娯楽や芸能文化、商業が栄えたのが、今も全国各地に残る門前町です。

六本木ヒルズはいわば、アート＆インテリジェントを核とした現代の門前町です。「アート」のシンボルが森美術館、
「インテリジェンス」を司るのがアカデミーヒルズ。このふたつを両輪とする森アーツセンターが中心となって、
街全体を舞台にアート＆インテリジェント・シーンを展開します。そして、オフィスもホテルもシネマコンプレックスも、
たくさんの魅力的な店舗やレストランも、毛利池や庭園やアリーナも、ここに集うすべての人に、わくわくするような
時を提供する重要な構成要素なのです。

この街のいたるところで出会うパブリックアートやストリートファニチャーは、「アーテリジェントシティ」六本木ヒルズの
名脇役であり、「アートと親しむ暮らし」を端的に象徴するものです。もちろん、ガラス越しに鑑賞するのが相応しい
アートもありますが、もっと身近に、触れて、見上げて、腰掛けて、使って、楽しむアートもあっていい。……六本木ヒルズ
のパブリックアートやストリートファニチャーは、人々に寄り添いながら、さりげなくそんな想いを伝えてくれることでしょう。

あるときは待ち合わせの目印になり、あるときは、訪れた人と共に記念写真に納まって家族のアルバムの1ページを

((Mori Minoru

森　稔
森ビル株式会社／代表取締役社長
森美術館　創設者

1934年京都生まれ。東京大学教育学部卒業。
1959年森ビル株式会社設立と同時に取締役就任。
1993年より代表取締役社長。
現在、日本経済団体連合会理事、東京商工会議所議員、
不動産協会理事をはじめ公職多数。
総理大臣諮問機関である経済戦略会議（1998～2000年）、
総合規制改革会議（2001～04年）の委員も務めた。

Greetings from Roppongi Hills, "the Cultural Heart of Tokyo."

Historically, the people of Japan have enjoyed mass pilgrimages to destinations like Shinto shrines and Buddhist temples. Ise Shrine, for instance, attracted visitors from all over the country in Edo-period Japan. In addition to satisfying expressions of faith, these visits offer the pleasures of interacting with a wide spectrum of people and cultures. Participants are enriched by the creativity of singing, dancing, and light-hearted jovial conversations, and news and viewpoints from other places.

Distinctive commercial districts formed just outside the gates of these destinations, providing a mix of entertainment and performing arts with retail and dining opportunities. Popularly known as *monzenmachi* – "quarters before the gates" – many of these amusement districts linger on today throughout Japan. Roppongi Hills is like a large-scale contemporary version of a dynamic gateway district, a virtual city-within-a-city, combining entertainment, artistic and intellectual opportunities. Two marquee institutions of the Mori Arts Center, the Mori Art Museum and Roppongi Academy Hills, overlook and inspire a vast artistic and cultural neighborhood from the top of a 54-story tower.

This is a modern destination for people seeking enlightenment through art and intelligence. An exciting community surrounds the Mori Arts Center, including modern offices filled with bustling information age workers, residential high-rises that are home to sophisticated urbanites, a state-of-the-art cinema complex that draws legendary filmmakers and global stars and a hotel that hosts travelers from around the world. Modern cultural institutions add further excitement to this dynamic community, including the ever-changing performing arts Arena and the broadcast headquarters of TV-Asahi and J-Wave radio. Lush gardens lend grace, style and peaceful repose, and are the setting for more than 200 unique shops and restaurants. This is indeed a lively gateway to culture, unlike any other place.

The exceptional variety of public art and creative street furniture that you encounter throughout Roppongi Hills is commissioned from international artists. These are public symbols of Roppongi Hills' role as an "Artelligent

飾り、あるときは、子どもたちをその背に乗せて遊ばせたり……。子どもたちが大きくなって、またこの街を訪れたとき、きっと思い出してくれるでしょう、このベンチで遊んだことを。そして、そのとき初めて気づいてくれるかもしれません。腰掛けたベンチが、その下で追いかけっこをした彫刻が、とても素晴らしいアーティストの手によって生み出されたものであったことを。

六本木ヒルズができて1年がたちました。パブリックアートやストリートファニチャーはもはや「作品」ではなく、この街の一部となり、物言わぬ心優しき住人となりました。きっとこれらを制作してくださった世界中のアーティストの方々も、このご報告を喜んでくださるものと確信しています。

私たちは、この物言わぬ住人たちのことをもっとたくさんの方々に知っていただきたいと思い、カタログ集と、彼らを産みだした世界中のアーティストをお招きして開催した記念シンポジウムの記録を出版しました。本書には、六本木ヒルズのすべてのパブリックアートとストリートファニチャーのプロフィール&ヒストリーが収録されています。

皆さんが素敵な出会いをしたならば、その人のことをもっとよく知りたいと思うように、もし、心惹かれるアートと出会ったならば、この本のページを開き、それが誰の手によってどんな願いを込めてつくられ、六本木ヒルズの住人になったかを知ってあげてください。

……そして、どうぞもう一度、彼らに会いに来てください。

Mori Minoru
President and Chief Executive Officer, Mori Building Co., Ltd./Founder, Mori Art Museum

Born in Kyoto, Japan in 1934, Mori Minoru has been since 1993 President and CEO of Mori Building Co., Ltd.,
which he co-founded upon graduation from the Faculty of Education, University of Tokyo in 1959.
Mori is involved in a number of public functions, including Councilor, Japan Business Federation;
Councilor, Tokyo Chamber of Commerce and Industry; and Trustee, Real Estate Companies Association.
He also served as a member of Prime Minister's advisory councils such as the Economic Strategy Council (1998 to 2000);
and the Council for Regulatory Reform (2001 to 2004).

(*Artistic and Intelligent*) City" where people can develop a "lifestyle inspired by art." Of course visitors enjoy traditional museum-quality "glass case" art in formal displays throughout the complex, but our streets and passageways provide a wonderful place where more interactive art can be enjoyed by sitting on it or playing with it or simply watching the sun move across its surfaces.
Our public art and street furniture doesn't serve a single grand purpose. It is appreciated more casually. Sometimes it is a memorable meeting landmark. Sometimes it provides a distinctive backdrop for family photo albums. Sometimes it offers an imaginative distraction for kids to climb up or slide down. But importantly, our art always creates wonderful memories. Imagine the satisfaction when today's children discover someday that they gleefully frolicked on a sculpture created by a famous artist. Or when visitors from faraway places reminisce about meeting under a pregnant spider or alongside a three-story rose.

Since our opening in April 2003, many of these pieces of distinctive public art and street furniture have grown to become familiar and integral parts of our town. They are now kind and cheerful residents making their own quiet statements. Surely, the many talented creators from around the world will appreciate that we have adopted them as part of our lives.
This catalogue is dedicated to these quiet residents of Roppongi Hills. We hope it introduces you to their gentle and inspiring personalities. We've also included the proceedings of a commemorative symposium of the international artists so that you can learn something of the intention of their innovative parents.

Whenever you have the opportunity to meet wonderful people, you naturally want to learn more about them. In this same way, we hope that your encounter with these intriguing works of art will inspire you to read through these pages to learn by whose hands and with what intentions they came to reside in Roppongi Hills. Then we hope you'll have even fonder memories of your visit to our "Artelligent City" here in Tokyo.

7

8

美術と都市

「パブリックアート」と聞いて多くの人々が思い浮かべるのは、どのように受け止めて良いのか分からないとまどいか、時代遅れのものだという認識かのいずれかではないだろうか? 彼らが考えるように、パブリックアートとは、美術作品と都市との居心地の悪い対比か、あるいは遙か昔に生み出された様々な価値観を反映するものに過ぎないのだろうか。パブリックアートという考え方はあまりにも制度化しすぎたのかもしれない。私たちは、より多くの要素を視野に入れた柔軟なアプローチを探っていく必要があるようだ。どこに設置されていようとも、美術作品は人々に何かを強制するものであってはならない。むしろ、人々の関心を引き寄せ、対話を促進するものとして機能しなければならないのである。こうした考えに基づいて、現代文化や生活の多様な側面と美術作品が共存する都市構造を生み出すべく、私たちは六本木ヒルズ内に数々の美術作品を設置することにした。

もっとも早い段階のパブリックアートは、儀式や神々の描写に関わりを持つ宗教的なものであった。その後、増大する国家権力を反映するようになったパブリックアートは、国家や民族の指導者の栄誉を讃え、彼らの権威を強化し、実際の人物以上に偉大な人物であるかのように見せることを基本的な機能とするようになった。そして、帝国や国家という概念が浸透していくにつれて、国民的英雄や戦いでの勝利、そして戦死者たちを顕彰する記念碑的なものになっていく。彫刻や銘板、円柱やアーチ型の構造物としてこのような記念碑を制作することは、集合的記憶を通して国家や民族の誇りとアイデンティティを強化する行為にほかならない。遙か昔の時代の生き残りとしか思えないものの、こうした記念碑的な作品は現在でも制作されることがある。多くの人々にとって、パブリックアートとは、作品以外の何かを記念するものでなければならないという考え方が根強いからだ。

例えばロンドンのトラファルガー・スクエア。ここはかつての大英帝国の中枢であったが、2004年3月という現在、

((· David Elliott

デヴィッド・エリオット

森美術館館長

1949年イギリス生まれ。
森美術館館長ならびにCIMAM（国際美術館会議）会長。
オックスフォード近代美術館館長、
ストックフォルム近代美術館館長を経て、2001年より現職。
主な企画展に「Wounds(傷) コンテンポラリーアートにおける
民主主義と救済の狭間で」（1998）、「After the Walk
ポスト共産圏ヨーロッパにおける美術と文化」（1999）などがある。
現代美術の実践と理論に関する著書、論文、カタログなど多数。

Art and the City

To many people the whole notion of Public Art seems to be either an embarrassment or an anachronism – an uneasy confrontation between art and the city around it or a reflection of the values of a long past age. Perhaps the whole idea of Public Art has become too institutionalized and we need to move away from this towards a more integrated and flexible approach? Art, wherever it is situated, should not be an imposition but a focus of interest and a stimulus for dialogue. It is in this spirit that we have decided to place so many artworks in Roppongi Hills to create an urban fabric that contains art comfortably alongside many other aspects of contemporary culture and life.

The earliest public art was religious – concerned with ritual or the depiction of Gods. Then it began to reflect the increasing power of the state and its prime function was to glorify the leader, to consolidate his authority and make him seem more imposing than perhaps he actually was. As the idea of empire or nation state spread Public Art was typified by the memorial – to national heroes and victories as well as to those slain in battle. In a sense the realization of these works – sculptures, plaques, columns and arches – became an act of collective remembrance that consolidated pride and identity. Such works are still occasionally made and, although they seem to be survivors of a distant time, for many the impression remains that Public Art should commemorate something other than just itself.

Trafalgar Square, once the heart of the British Empire, was, in March, 2004, the site of a spectacular but rather conservative controversy about the nature of Public Art today. The square was built to commemorate a decisive battle against the French in 1805 and is

目を見張るような壮麗な場所であることには変わりはないものの、今日的なパブリックアートのあり方をめぐっては、いささか保守的な議論を巻き起こす存在となっている。この広場は1805年のフランスに対する戦いを記念するために建設された。中央の円柱の頭頂には戦いの英雄、片腕のネルソン提督が立ち、広場を睥睨している。広場を囲むように、西から東にかけて大英帝国政府の諸機関の建物が軒を連ねていた。カナダハウス（現在はカナダ高等弁務局）や、南アフリカハウス（現在は南アフリカ大使館）などがあり、北側の区画はナショナル・ギャラリーが占めている。南西の方向のはるか先には、ホワイトホールと接するかたちで国会議事堂がある。この広場には、他にも国王や総督たちの彫像があり、大英帝国の権勢を示している。だが、一つの台座の上は未だに空白のままだ。名だたる国王のなかではさほど知名度の高くないウィリアム4世の肖像彫刻が作られる予定だったが、資金が集まらなかったからだ。

ビル・ウッドロウ、マーク・ヴァリンガー、レイチェル・ホワイトリードらのアーティストたちに、この台座の上に数ヶ月展示するための作品を制作して欲しいという依頼があったのは最近のことである。もっとも新しい作品は、マーク・クィンによる高さ4.7mの白大理石製の《妊娠したアリソン・レイパー》である。かなり重度の身体障害をもったこの女性の彫刻は、凄まじい議論の嵐を巻き起こした。この作品を酷評する人たちの意見も二つに分かれた。この広場の歴史的環境にはそぐわないと批判する人もいれば、主題そのものがあまりにも説教くさくて、「政治的正しさ」を訴えるにしても行きすぎだという人もいる。作品を支持する人たちは、クィンは、身体障害をもつ妊娠した女性の裸体という、異例ではあるが美しいイメージを呈示することによって、この広場のもつ軍事的男性的な意味合いとジェンダーのステレオタイプを転覆させたと評価する。けれども、人々の見解がどうあれ、この議論そのものが美術そのもの以外の

David Elliott Director, Mori Art Museum

Born in 1949, Prestbury, England. In the past Elliott worked as Director of
The Museum of Modern Art in Oxford, England (1976-96),
and Director of Moderna Museet [National Museum of Modern and Contemporary Art],
Stockholm, Sweden (1996-2001). He has also been President of
CIMAM (International Committee for Museums and Collections of Modern Art,
International Council of Museums (ICOM) since 1998.

watched over by Admiral Nelson, one-armed war hero, elevated securely at the top of his central column. Around the edge of the square to the west and east were the offices of Empire, Canada House – now the Canadian High Commission – and South Africa House – now the South African Embassy: stretching the whole length of the north side is the National Gallery, the Houses of Parliament are in the far distance at the end of Whitehall to the south west. The square contains a number of other statues of Kings and Generals that consolidate the power and ambience of Empire. Yet one plinth remains empty, simply because the money to make the portrait sculpture of King William IV – not one of the most popular of Kings – was never raised.

Recently a number of contemporary artists including Bill Woodrow, Mark Wallinger and Rachel Whiteread have been commissioned to make works that have occupied the plinth for a few months. The most recent work, Alison Lapper Pregnant by Marc Quinn, a 4.7 meter high white marble statue of a seriously physically disabled woman, has particularly created a storm. Those who are against the work are split into two camps: those who say that the work is not in keeping with the historic ambience of the square, and those who claim that the subject is too didactic and politically correct. The supporters uphold that that the work subverts the martial male dominance of the site as well as gender stereotypes by presenting an unusual but beautiful image of a naked pregnant woman who is disabled. But, whatever one's point of view, the controversy is centered on the presentation of something other than art itself and this, in a way, is missing the point. Art in the city should not be an illustration.

何かの表象を巡ってなされているのだ。ここに人々の気づかない問題点が潜んでいる。都市のなかの美術作品は、何か別のものを解説するためのイラストレーションであってはならないのだ。

このように歴史的にも国家イデオロギー的にも多くのものを背負った広場において、どのような作品であれ、現代美術作品が一般的な了解を得られるかどうかは疑わしい。いずれにせよ、現代では、アーティストたちは作品展示のために台座を使うことすら稀なのだ。台座を使うことがある場合でも、彼らは分かりやすい社会的・政治的なメッセージを回避しようとするだろう。この場所に設置される新しい作品は、現実的な意味でも隠喩的な意味でも、戦いの場所に、つまり生存を許さない環境に置かれることになるのだ。

記念碑の時代が終わったとしても、あるいは少なくとも終わりつつあるのだとしても、数多くの都市で見受けられるこのような作例は、パブリックアートを装飾や潤色として利用しているだけなのである。もっとひどい場合には、作品は企業の力を示すための代用的な紋章のように扱われている。こうした状況は、トラファルガー・スクエアにおけるような単純素朴なレベルではなく、ほとんどキッチュのレベルへと美術を後退させてしまう。

もう少し共感を呼び起こす屋外での作品展示のアプローチとしては、野外彫刻公園がある。たとえば、ヨークシャー州のブレトン・ホールや、ニューヨークのマウンテンヴィルにあるストーム・キング・アート・センター、ストックホルムの中心の小さな島スケップスホルム（ここには近代美術館も併設されている）などだ。これらの理想郷のような場所では、美術作品は自然のなかに置かれ、小道によって作品と作品が結びつけられている。しかし、遠く離れた公園にわざわざ足を延ばして作品に触れる体験からは、日常生活と美術との統合という考え方があらかじめ失われているのである。だが、こうした展示による恩恵もたくさんある。自然の中でなければ制作できない作品もあれば、自然環境を要求

In such a historically and ideologically loaded square it is doubtful whether any contemporary work of art could gain general acceptance. In any case, artists now rarely use plinths on which to site their work and, if they are any good, avoid the obvious social or political statement. Any new work sited here would find itself, literally and metaphorically, in a battle zone – an impossible environment in which to survive.

If the age of the monument is dead – or at least dying – an equally unsatisfactory alternative, seen in many cities, uses Public Art as a kind of decoration or embellishment or, even worse, as a surrogate emblem of corporate power. This reduces art, not to a simple statement as seen in the case of Trafalgar Square, but to the level of kitsch.

Another, more sympathetic, approach to showing art outside are the open air sculpture parks, such as Bretton Hall in Yorkshire, the Storm King Art Center in Mountainville, New York or the small island of Skeppsholm in the center of Stockholm, which also houses Moderna Museet. In such arcadian settings, art is placed in a natural environment, often with a related nature trail. A visit to the more distant parks has, however, to be planned in advance so that any idea of integration with everyday life is lost. Yet the benefits are many: some artists' works can only be created in nature, others demand a natural ambience, and other more traditional, works, that are usually shown inside, are often transformed by natural light and their new settings.

Increasingly over the past forty years, as sculpture has become less of an object and more

する作品もある。また、通常は屋内に展示されるべき伝統的な作品も、自然の光や新しい環境によって今までとは違う姿を示すことだって起こりうるからだ。

この40年以上の間に、彫刻はモノとしての存在から、ある環境を形成するものへと変わり続けている。アーティストたちも、彼らの作品が鑑賞される場所に敏感になってきている。設置される場所の特性を活かした作品が増えてきているのである。

こうした意味において、六本木ヒルズのパブリックアートおよびデザイン・プロジェクトの役割は、東京の中心に開発された11.5ヘクタールの六本木ヒルズと個々の作品を適合させる「パブリックアートの産婆」のようなものだと言ってもいいだろう。アーティストやデザイナーたちに求められたのは、楽しくて挑戦的な方法で彼らの新作をこの場の環境に融合させることである。森美術館のチームは4つの作品の制作依頼と、デザイナーの内田繁や建築家の槇文彦と密接な連携を取りながら、他のいくつかのプロジェクトを共同担当した。今回の場合、周囲の環境はあらかじめ決定されていたわけではなく、美術、建築、デザインを統合しようと共に働いてきた人々のチームによって最終的な決定案が絞り込まれていったのである。どの作品の場合でも、刺激的なものと機能的なものを結びつけるという目的のもとに、作品のもつ象徴的な要素と実用的な要素が検討されていった。複合的でありながら挑戦的な作品、ルイーズ・ブルジョワの《ママン》もまた、安心感を与えると同時に、分かりやすい待ち合わせ場所としての役割を充分に果たすものとなった。目印となるだけでなく、写真撮影に絶好の場所を提供しているのである。マーティン・ピュリエの《守護石》は、テレビ朝日の社屋の入口にある。その5.5mもの高さの有機的なフォルムは、規則正しいビルの表面との視覚的対比を生み出す一方で、伝統的な日本庭園のもつ穏やかな形式を際立たせ

of an environment, artists have become sensitive to the spaces in which their work is seen. A growing number of site-specific works have been produced in which the work is a response to the particular place in which it is located.

The Roppongi Hills Public Art and Design Project has acted like a midwife – matching each work with its site as the 11.5 hectare Roppongi Hills was developed in the center of Tokyo. Artists, architects and designers were asked to work together with the aim of integrating new works into the environment in ways that were both enjoyable and challenging. The Museum team commissioned four works and co-ordinated the other projects working closely with designer Uchida Shigeru and architect Maki Fumihiko.

Here there was no determining pre-existing environment and the final solutions were reached by a team of people working together on the integration of art, architecture and design. In all cases the iconic as well as the practical elements of the works were considered with the aim of combining the stimulating with the functional. As well as being a complex and challenging work in its own right, Maman by Louise Bourgeois also fulfills the role of a safe and easily identifiable meeting spot, a landmark, and, in addition, is a good place to take photographs. Martin Puryear's Guardian Stone marks the entrance to the TV Asahi Building and its 5.5 meter high organic form creates a visual counterpoint to the hard regular surfaces of the building on one side and the more gentle informality of a traditional Japanese garden on the other. Cai Guo Qiang's High Mountain Flowing Water: 3-D Landscape Painting also marks and partly masks an entrance – in this case that of the Grand Hyatt Hotel on Keyakizaka

ている。蔡國強（ツァイ・グォチャン）の《高山流水―立体山水画》もまた、けやき坂通りに面したグランドハイアット・ホテルの入口の目印であると同時に、その入口の一部の目隠しとなるような作品である。日本の風景を描いた17世紀の絵画に基づいて、中国の緑色の花崗岩で造られたごつごつした岩肌を流れ落ちる滝が、通常は純粋に機能的な場となるだけの空間に、動きと神秘性を生まれさせている。

動きは、3mの高さの宮島達男の作品《カウンターヴォイド》でも非常に有効な要素となっている。この作品は、けやき坂通りが麻布十番に接する場所にあるテレビ朝日の社屋のカーブを描くガラス壁面に展開する。刻々と変わり続ける数字が何を意味するのかは、正確には分からない。だが、それは都市の鼓動であり、ここを行き交う人々の鼓動でもあるのではなかろうか。宮島の作品のごく近くには、槇文彦のデザインによるブランクーシのテーブルと椅子を連想させる作品や、光学的な考察に基づいて造られた吉岡徳仁のガラス製の椅子がある。反対側には深夜営業のカフェや本とビデオの店などがあり、宮島作品は昼夜を問わない都会生活の象徴となっている。ここを通り過ぎる人々全てにとって記憶に刻まれる場を提供することになるだろう。

崔正化（チェ・ジョンファ）は、実用的な要素と象徴的な要素を組み込んだ《ロボロボロボ（ロボロボ園）》を制作した。これは、60年代初頭に想像されていたようなロボットでできた円柱が中心に立つ、子供たちの遊び場である。このロボットの目は夜になると光る。遊具や滑り台もこの公園のために特別にアーティスト自身がデザインしたものである。ゆるやかな傾斜地に造られたこの公園は、ここを通る人々にとって、六本木ヒルズと他のエリアを結ぶ遊び心に溢れた楽しい出入り口となっている。

より伝統的な儀式性を感じさせるものは、森万里子の「茶道のためのコンテンポラリー・スペース」プロジェクトである。

Dori. Based on a seventeenth century painting of a Japanese landscape, the waterfalls that cascade across the rough crags of carved green Chinese granite inject both movement and mystery into what could otherwise have been a purely functional space.

Movement also drives the 3 meter high numbers in Miyajima Tatsuo's Countervoid which is incorporated into the curved illuminated glass wall of the TV Asahi Building where Keyakizaka Dori meets Azabu Juban. It is not clear exactly what the different changing numbers represent yet they seem to mark the heartbeat of the city as well as the crowds of people who flock by. In close proximity to a Brancusi-like table with chairs designed by Maki Fumihiko and an optical glass armchair by Yoshioka Tokujin, and opposite a late night café, book and video store, this work is emblematic of the life of the city and, day or night: it is a memorable landmark for all who pass it.

Choi Jeong Hwa combines the practical with the symbolic in Roboroborobo (Roborobo-en) a landscaped children's playground with a central column of early sixties style robots with eyes that glow at night. The playing equipment and slides have been specially designed by the artist and the whole sloping site of this park acts as a playful portal through and from which people may pass from the new development into the city and vice versa.

Another more traditional rite of passage can be observed in the large illuminated pebble-like forms of Mori Mariko's project for a contemporary space for the Tea Ceremony in the roof garden and paddy field on top of the Virgin Cinema building that will be completed towards

2004年の終わり頃には、照明が当てられた巨大な小石のような形の作品が、屋上庭園とヴァージン・シネマのビルの上の水田に設置される予定だ。ここは、都市の真ん中で自然に触れられる場所であり、静けさを求める人々に安らぎを提供することだろう。

けやき坂通りには、ここに集まる人々に憩いと休息を与えられる場を造ることを目的として、内田繁が10人のデザイナーに依頼したストリートファニチャーが並んでいる。人通りの多いショッピング街であるため、設置場所のスペースには限界がある上に、作品が人々の動線をさえぎることなく、むしろ活性化するという要請も満たさなければならなかった。デザイナーたちは個性が際立つ作品を製作したのだが、けやき坂通りを歩きながら全体を見渡してみると、街の雰囲気を分断したり断片化したりはせず、作品が相互に連携し合っているのが分かるだろう。一枚の石碑のように寡黙な作品もあれば、色鮮やかな作品もある。けれども、それらが一体となって、この場全体に生き生きとした統一感のある空間を創りだしているのである。

質の高い作品であること、そして構造的にも周囲の環境に対抗しうるものであること以外には、六本木ヒルズに展開する21個の作品を結びつける全体プログラムやテーマがあったわけではない。これらの作品が都市と良好な関係を築き、解放性や楽しさ、好奇心といった感覚を呼び起こしてくれることを願う。その目的を達成できたならば、六本木ヒルズの作品群は、未来の様々なプロジェクトに向けて素晴らしいモデルを提供することができるだろうと確信している。

（翻訳：藤原えりみ）

the end of 2004. Here, in the heart of the city, there is a real contact with nature and a place where stillness may be sought and found.

Along the length of Keyakizaka Dori, Uchida Shigeru commissioned ten different designers to create places where the public can find both refuge and rest. The dimensions of the sites on this busy shopping street were often limited and there was the added requirement that these works should animate rather than disrupt their environment. Each of the designers produced a signature work yet, when seen together, walking along the street, far from creating a sense of disjuncture or fragmentation, the works unfold one towards the next – some more monolithic or brighter than others but together forming a lively and integrated part of the whole environment.

There has been no general program or theme that has linked the twenty-one works so far commissioned for Roppongi Hills other than that they should be of high quality and compete constructively with their surroundings. I hope that these works express a positive engagement with the city as well as the sense of openness, enjoyment and curiosity in the world that was intended. If they have succeeded in these goals I have no doubt that they will provide a fine model for future projects.

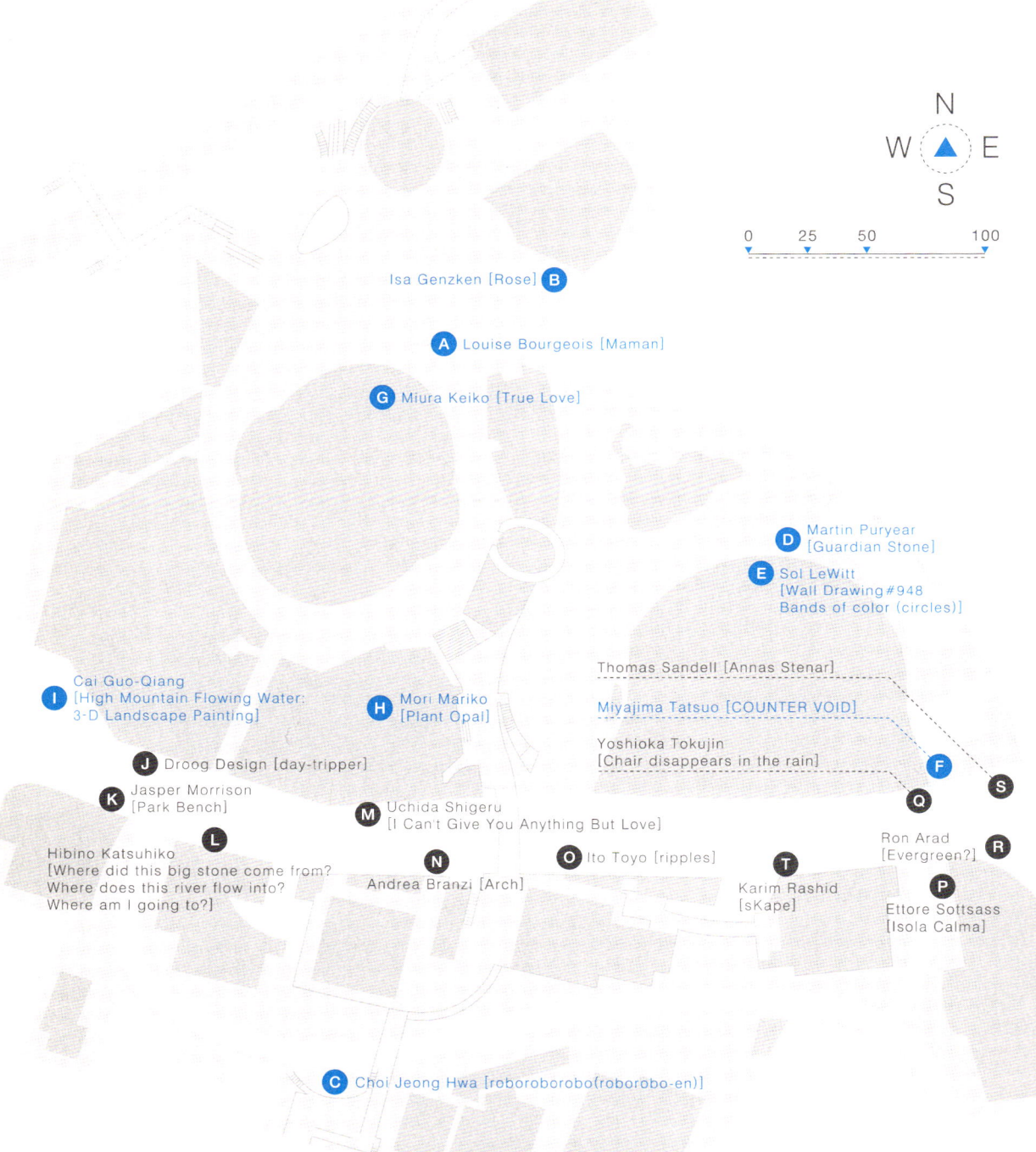

Isa Genzken [Rose] **B**

A Louise Bourgeois [Maman]

G Miura Keiko [True Love]

D Martin Puryear
[Guardian Stone]

E Sol LeWitt
[Wall Drawing #948
Bands of color (circles)]

I Cai Guo-Qiang
[High Mountain Flowing Water:
3-D Landscape Painting]

H Mori Mariko
[Plant Opal]

Thomas Sandell [Annas Stenar]

Miyajima Tatsuo [COUNTER VOID]

Yoshioka Tokujin
[Chair disappears in the rain]

F

S

J Droog Design [day-tripper]

Q

K Jasper Morrison
[Park Bench]

M Uchida Shigeru
[I Can't Give You Anything But Love]

L

Ron Arad
[Evergreen?]

R

Hibino Katsuhiko
[Where did this big stone come from?
Where does this river flow into?
Where am I going to?]

N
Andrea Branzi [Arch]

O Ito Toyo [ripples]

T
Karim Rashid
[sKape]

P
Ettore Sottsass
[Isola Calma]

C Choi Jeong Hwa [roboroborobo(roborobo-en)]

N
W E
S

0   25   50   100

((Public Art

第1章 パブリックアート

六本木ヒルズは、「アーテリジェントシティ」として、人々の知と感性によって豊かに彩られた生活のあり方を提案する。そうした六本木ヒルズにとって、アートは街づくりのコンセプトを表わす重要な要素だ。美術館だけでなく、広場や通りなど街のあちこちに作品を展開し、日常生活のなかで自然にアートに親しむことを目指している。

現在、六本木ヒルズには、8つのパブリックアート作品が設置されている。そのどれもが、国際的に活躍する著名なアーティストによる大作である。国内外でも、類を見ないスケールの大きいプロジェクトと言えるだろう。

それぞれのアート作品は、周囲の建築空間と融合しながら、街の風景をよりシンボリックで印象的なものへと変えている。六本木ヒルズのパブリックアートは、人々の暮らしの中になじみながら、同時にそこに広がりと刺激を与えてくれる存在となっている。

六本木ヒルズという名所

一人一人の東京

私が生まれ、住む東京は人口1000万を超す大都市である。ここでは恐らくほとんどの人々が、私と同じように、この東京の中の極くわずかの部分しか知らないのではないかと思う。例えば先ず自分の住むところとその周辺。次に日常生活を支える付近の商店街や駅。毎日通う学校や職場。最後に仕事の後、あるいは休日に訪れる盛り場やリクリエーションの場。

我々一人、一人はこのように極めて限定された場所の経験と馴染みの風景を核として、自分自身の東京をつむぎ出していく。しかしそれだけではない。電車や車の中からしばしば見えてくる風景も無意識のうちにそれぞれの東京に、ある広がりを与えてくれているし、またテレビを始めとするメディアが伝える東京もそこに参加しているはずである。このようにして、東京に10年も住めば、誰もが自分は東京人だと思うようになる。

江戸の名所

18世紀には江戸はすでに世界最大の人口を有する田園都市であった。当時は丘や川、森がつくり出す地形や

((• Maki Fumihiko

槇　文彦

1928年東京生まれ。東京大学で学士号取得（1952）、クランブルック・アカデミー・オブ・アートで建築の修士号取得（1953）、ハーバード大学デザイン学科で修士号取得（1954）。ワシントン大学セント・ルイス校、ハーバード大学で准教授になる。
65年に帰国し、東京に槇事務所を設立。東京大学工学部建築学科教授を歴任。
日本建築学会賞（1963、1985）、ウルフ賞（1988）、トマス・ジェファーソン・メダル（1990）、プリツカー賞、UIA金賞（1993）等を受賞。
主要作品はヒルサイド・テラス、イエルバ・ブエナ・アートセンター（サンフランシスコ）、
慶応義塾大学湘南藤沢キャンパス、幕張メッセ、テレビ朝日本社、朱鷺メッセ（新潟）等多数。
現在、MITメディアラボラトリーズ等が進行中。主な著書に『見え隠れする都市』（SD選書、鹿島出版会）ほか。

Roppongi Hills: A New "Famous Sight"

A Tokyo of One's Own

The city of Tokyo, where I was born and still live, is a major metropolis of over ten million inhabitants, of whom probably most — myself included — only know only a very tiny part of the total urban area: first, typically, one's own home and immediate surroundings, followed by daily life environs, the neighborhood shops and nearby station, workplace or school, and lastly, after-hour haunts or places for relaxing during one's free time. Each of us constructs an individual image of Tokyo limited to our own experiences and familiar landscapes. The rest — what we unconsciously see in passing from cars and trains or via television and other media — just adds to the broader backdrop of a seamless cityscape. Live here ten years, and you too will think of yourself as a *Tokyojin* (Tokyoite).

Famous Sights Around Edo

Already by the eighteenth century, the garden city of Edo — as pre-modern Tokyo was called — boasted the highest urban population in the world, with habitations spreading over the topography of hills, rivers and forests, each community developing

景観が卓越し、その周辺に濃い場所性に満ちた町々が発展していった。そして風光明媚なところに多くの社寺が発生する。ここで興味があるのは、教養のある武士や文人が集って、その景色を愛でながら歌を詠むようになったのが名所のはしりであるということである。ゆかりの場所もそうだった。享保の頃には名所の数は300を超えた。境内の前には門前町が発達し、様々な憩いや享楽の場も提供されるようになった。身分社会の戒律が厳しかった徳川の封建社会の中で、ここだけが身分を超えた交流の場を提供していた。またすでに文化的行為と商行為の融合がみられるのも面白い。

また当時から江戸は参勤交代も含め、この大都市に新しい人口が間断なく流入し続けた。名所はこうした人々に恰好の憩いの場を提供するだけでなく、そのネットワークによって、彼等により広く、早く江戸を知ってもらう機能を果たしてきたことも想像に難くない。そして浮世絵、江戸百景を通じて彼は次第に彼等自身の江戸を共有するようになった。

明治の近代化と共にそれまでの自然や風景を中心とした江戸百景に代わって、新東京風景が登場する。新しい主役には鉄道駅、銀行、万国博覧会会場など西洋建築が多かった。このように江戸時代の名所の多くは消滅

Maki Fumihiko

Maki Fumihiko was born in Tokyo in 1928. He graduated from the University of Tokyo,
Department of Architecture in 1952 and studied abroad at both the Cranbrook Academy of Art in 1953,
and the Graduate School of Design at Harvard University, where he obtained a Masters degree in 1954.
He served as an associate professor in architecture at the Washington University in St.
Louis and Harvard University before returning to Japan in 1965 to establish Maki and Associates.
He later served as professor at University of Tokyo's Department of Architecture until 1989.

Maki is the recipient of numerous awards including the annual Architectural Institute of Japan Prize in 1963 and 1985,
the Wolf Foundation Prize in 1988, the Thomas Jefferson Medal in 1990, and the Pritzker Prize and UIA Gold Medal in 1993.

His best known works include the Hillside Terrace, Spiral, the Yerba Buena Center for the Arts in San Francisco,
Keio University Shonan Fujisawa Campus, Makuhari Messe,
TV Asahi Headquarters, and the Toki Messe / Niigata Convention Centre.
His project for MIT's Media Laboratory is currently in progress.
He is also the author of several publications including Miegakuresuru Toshi,
A Morphological Analysis of the City of Edo-Tokyo (Kajima Institute Publishing Co.,Ltd.)

its own distinct character. Buddhist temples and Shinto shrines often sprang up near these places of scenic beauty, and there, learned samurai and literati would gather to praise the scenery in song and verse, drawing popular interest to the area. Recognition was brought to other locales in a similar manner. By the Kyoho era (1716-1735), there were over 300 *meisho* or "famous sights" in Edo, the approaches to which soon blossomed with *monzenmachi* "quarters before the gates" offering rest and entertainment to visitors. Under the Tokugawa shogunate's strictly regimented feudal hierarchy, these districts alone afforded havens where the rules were relaxed and Edo society could mingle across class divisions — a fascinating juncture of culture and commerce.

Meanwhile, besides the steady stream of population as a result of *sankin kotai*, or "alternate residence duty", Edo saw a continual influx of new residents for whom these *meisho* also served as landmarks of orientation. Popularized in *ukiyo-e* woodblock prints and in the *Edo Hyakkei*, or "Hundred Views of Edo," newcomers gradually began to take possession of these views of Edo as their own.

Along with the Meiji era (1868-1911) came the push toward modernization and the

してしまったが、一部は公園に、また文化財としてわずかであるが江戸の記憶の形象として残されてきた。

変化する東京と名所

名所の変遷を通して明らかになるように、東京では建築も風景もこの150年間、間断なく衣替えをし続け、人々も必死に自分の東京を構築し続けなければならなかった。

古代都市の遺跡から、我々は積層された都市を発見することが多い、東京では歴史の断片が往々にして水平に混在している。都市美観に関する限りその代償は少なくない。都市の全体構造のわかりにくさ、都市群の無規制な配置、美と醜の混在、例を挙げていけば際限ない。しかし一方こうした混乱の東京の中から、我々は外の都市に無いものを発見する。部分の細やかさと優しさ、様々なヘテロな要素がつくり出す濃密な関係、対比の驚き。何の事はない。上に挙げたネガティブな要素の裏返しである。要は一つ、一つの建築、街区の構築における注意深さ、巧拙が都市の景観のレベルを決定することを物語っている。

最初に述べたように誰もが自分の東京のイメージを持っている。その無数のイメージと体験が重なり合い、その

largely natural vistas of Edo gave way to the bright lights of the new capital, Tokyo: railway stations, banks, exposition pavilions and other Western-style buildings. Thus, many of the famous sights of the Edo period (1600-1868) disappeared into legend, leaving only a handful of meisho as parks and sites of protected cultural heritage.

Transforming Tokyo and Its *Meisho*
As the history of *meisho* shows, Tokyo has "changed costume" so often in these last 150 years that people had to busily reconstruct their own Tokyo in a desperate effort to keep abreast of the changes.
We may discover places where the city is layered in fragments of history, coexisting strata upon strata from the ancient town. Ceaseless metabolic exchange in the name of urban improvement and beautification also explains the dizzying complexity of the metropolis as a whole, the apparent lack of zoning between different urban elements, the profusion of beauty side-by-side with the unsightly. Yet amidst the confusion that is Tokyo we may find things that no other city has: a delicacy of details, rich interplay of heterogeneous elements, surprising contrasts. Nothing so special perhaps, merely

重なりが多ければ多いほど、我々は東京を共有しあえるのだ。そのためには先ず自分の住むところ、周縁にささやかでも濃密で安定した「自分の東京」をもつことであり、東京における無数の充実した居住空間の構築の必要性を物語っている。

一方、メトロポリス東京は、メトロポリスにしかない刺激と夢と機会を人々にオファーする場所でもある。日常的な空間の対極に、人々が選択的に自分の東京の一部として積極的に参加していく非日常空間が存在する。今度完成した六本木ヒルズはそのような場所なのだ。

テレビ朝日新社屋の設計で考えたこと

六本木ヒルズは最近東京に出現しつつある大規模開発と比較した時にいくつかの点で卓越した特徴がある。一つは丘の存在がそのまま建築の一部として顕在化していることであろう。人々は見下ろしたり、見上げることによって常に「彼方」を感じ、そこに到達しようとする興奮に誘われる。また、新しく出来たけやき坂通りは、ゆっくりとカーブした坂道であり、直進する表参道に比べると、遙かにインフォーマルでヒューマンである。そして庭園、小広場、

the inverse of those things cited above as negative, bespeaks the care and dexterity with which each building, each neighborhood, reflects the ever-changing cityscape at one level or another.

As I mentioned at the beginning, everyone has his or her own image of Tokyo. The more these countless images and experiences overlap, in effect, the more we share of Tokyo. That's why we first must anchor ourselves in some small but solid habitat that is "our own Tokyo", and thus also suggests the necessity of myriad quality residential spaces in Tokyo.

On the other hand, Tokyo offers people stimuli, dreams, and opportunities such as only a metropolis can provide. At the opposite extreme of more everyday environs, people choose to actively seek out-of-the-ordinary venues — places like the newly completed Roppongi Hills.

The Design of the TV Asahi Headquarters

Roppongi Hills excels on several counts over other major redevelopment projects that have appeared in Tokyo in recent years. For one, the architecture capitalizes on its

大広場にも事欠かない。さらに最も大事なことは回遊性がある事である。これらはすべて勝れた江戸の名所が持っていた特性でもある。そして地上何十メートル、何百メートルから、これまでなかった眺望と体験も提供している。私達が手掛けたテレビ朝日はこのように変化に富む新しい外部空間に囲まれて建っている。けやき坂通りに面して、そのファサードは坂道の緩いカーブに沿いながらつくられ、欅の並木が落とす影、店舗の光、ストリートファニチャー、階段、ランプが流れのあるアンサンブルをつくり出している。一方緑の多い庭園を介して眺望が開けている北面には、高さ30m、長さ120mの、これもゆっくり湾曲した三日月型のアトリウムを配し、ここを訪れる人、通り過ぎる人々に最も印象的なパブリックスペースを与えたいと思った。

建物の東面はけやき坂通り、環状3号線、麻布十番からの横路等が交錯する六本木ヒルズ全体でも最も既存の街区と濃密に接触しているところである。我々は高さ5m、長さ50mの光壁をそのコーナーに用意し、宮島達男のアートを展開している。アトリウムの奥のソル・ルウィットの壁画、庭園を介して配置されたマーティン・プーリエの巨大な彫刻、これらは新しいパブリックスペースの非日常的体験を増幅するものであった。別な言葉でいうならば、現代のアートは日常を異化してみせるオブジェであり、手段である。アートのパワーは、社会が無意識的

hilltop setting. By looking down in panoramic overview or looking up, people always get a sense of "beyond", an invitation to adventure and excitement — here the scale is an unprecedented hundreds of meters above ground, offering views and experiences unlike any other. Or again, the gently sloping arc of Roppongi Keyakizaka-dori is far more informal and human than the straight climb of Omotesando, (a wide avenue which leads directly to the Meiji Shrine). Also essential are the garden and the plazas small and large. Moreover, perhaps the most important point is that the entire area encourages free strolling characteristic of all *meisho* in Edo.

The TV Asahi building we designed was built within a diversely articulated outdoor space. Facing onto Keyakizaka-dori, the facade curves with the slope, reflecting the sweep of zelkova (*keyaki*) trees, illuminated shops, street furniture, steps and ramps. While on the opposite side, overlooking the verdant garden to the north, a gracefully fanning 30-meter-high-by-120-meter-wide crescent-shaped glazed Atrium creates a most impressive public space for visitors and passers-by alike. To the east of the building, at the corner where Keyakizaka-dori intersects the Loop Road No.3, Imoarai-zaka and Azabu-Juban passage — the most tightly-knit urban hub of the entire

にもっている希望や自意識を写し出すことにある。それはまた、都市の建築についても言えることかもしれない。都市とは何だろう。都市は人々に夢と記憶を育ませる場所である。六本木ヒルズの丘の上では凄まじいエネルギーがわきたっている。もしもそこが「動」の空間であるとすれば、テレビ朝日にはそのリセプターとして「静」の空間を提供しようとしている。動と静、それは取りも直さず江戸の名所に見られる空間の本質でもあった。記憶は神が人間に与えた贈り物だといわれる。私はこの言葉を大切にしていきたい。

Roppongi Hills complex — we placed a 5-meter-high light wall, an artwork by Miyajima Tatsuo. Likewise, the Sol LeWitt mural inside the Atrium and the giant sculpture by Martin Puryear situated in the garden greatly expand the extraordinary experience of this new public space. In other words, such contemporary *objets d'art* represent a means of exalting the everyday, the power of art being to render tangible the unconscious desires and self-awareness of society — although no doubt the same could be said of urban architecture.

Just what is a city? A city is a place that fosters dreams and memories. Roppongi Hills brings enormous energies to its hilltop site, a 'kinetic' dynamism for which the TV Asahi building provides a 'potential' receptor, a still point in a flurry of motion. Stillness and motion — spatial qualities we also note in retrospect in the Famous Sights of Edo. It is said that memory is a gift of the gods to humanity — these are words we should treasure dearly.

(‹‹ Louise Bourgeois
Maman

ルイーズ・ブルジョワ [ママン]

1911年パリ生まれ。ニューヨーク在住。ソルボンヌ大学で数学を学んだ後、美術に転向。
フェルナン・レジエらと学ぶ。38年にアメリカの美術史家である夫ロバート・ゴールドウオーターと共にニューヨークに移住。
45年最初の個展を開催。「父の破壊」(1974)、「ヒステリーのアーチ」(1993)、「蜘蛛」(1997)など、
フェミニズムアートとしても注目を集めている。93年にベネチア・ビエンナーレにアメリカの作家として出品。
95年ニューヨーク近代美術館で回顧展が開催される。

ルイーズ・ブルジョワは、今回パブリックアートプロジェクトに関わった作家の中で、最も高齢であり、また最も世界的に知られている作家だろう。現在はアメリカに住んでいるためアメリカの作家とも言えるが、実際はフランス出身である。シュールレアリスティックなイメージを彫刻やインスタレーションに写し取ったような作風で知られ、数多くの国際展に出品し、世界中の美術館で収蔵品として常設展示されている。

六本木ヒルズに設置されたママンという巨大な蜘蛛の形をした彫刻作品は、2001年にテートギャラリーの新館としてオープンしたテートモダン（ロンドン）で初めて発表された。元は発電所だったテートモダンの内部中央には、巨大な吹き抜けのホールがある。そのホール中段にある広いブリッジ状の広場に《ママン》は置かれた。ある種の不気味さを伴ったこの不可解な作品は、その場所から世界中に知られ、話題になった。

六本木ヒルズの《ママン》は屋外に恒久的に設置するため、ブルジョワに特別に依頼し、ブロンズで再制作してもらった。ブロンズは黒く塗られ、高さ10mを下から見上げると、胴体の部分には大理石の卵が20個入っているのが見える。

《ママン》はブルジョワが自分の母親を思い出してつくったもので、子どもたちを生み育て、暖かい家庭を守る包容力のある母のイメージを蜘蛛に託し、さらにそこに繁栄、豊壌、平和、包容といった多様な意味が重ねられている。また網の目状の巣を作る蜘蛛の姿は、六本木ヒルズから様々な情報がウェブ状に発展していくネットワークをも象徴している。

《ママン》は、環状3号線道路の上に作られた人工的な地盤である66プラザに設置されているので、ランドマークとしての大きさが求められる一方で、なるべく重くないものを置く必要があった。またこの広場は多くの人々が行き交う六本木ヒルズの表玄関でもあるため、人の動きを遮らず目立つもの、そして誰もが待ち合わせの場所に使えるようなインパクトの強さが求められた。《ママン》はそうした条件を満たす、最も印象的な作品であろう。(N.F.)

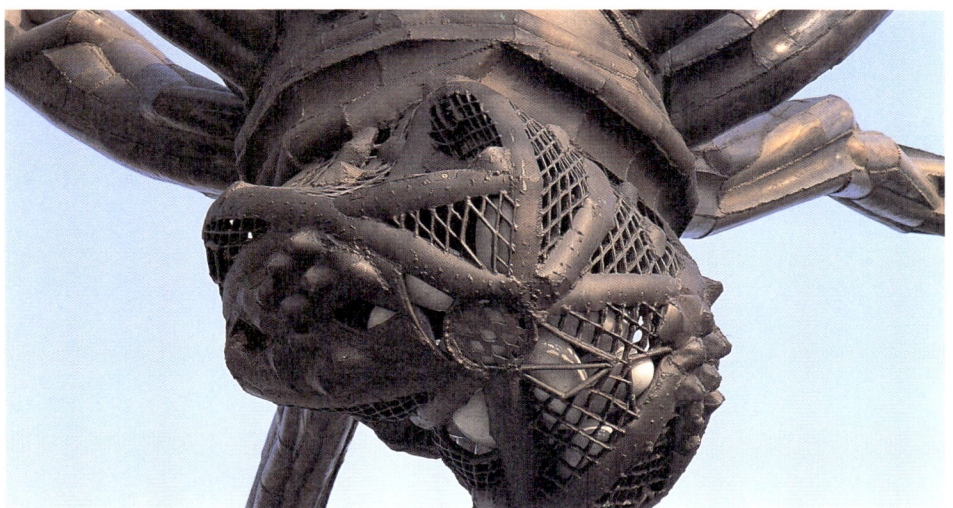

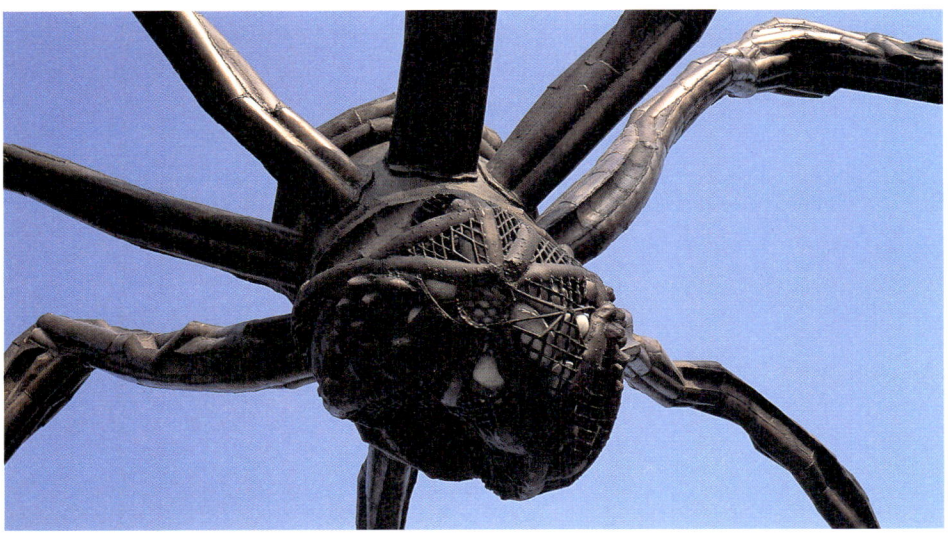

クモの胴体部分には、20個の真っ白な
大理石でできた卵が入っている。八方に
広がった足に包まれるようにその下に立つと、
力強い母親に抱かれているような感じがする。

The body of the spider contains
twenty white marble eggs.
Standing beneath the eight
spreading legs, one could im-
agine a rather too strong moth-
erly embrace.

近未来的な高層ビルと、ぐねぐねとした
《ママン》の有機的な形は対照的だ。異質
なもの同士が組み合わさることによって、
ダイナミックで新しい都市の景色が生み
出されている。

Louise Bourgeois' gnarled-leg-
ged 《Maman》 creates an or-
ganic contrast with the futuris-
tic high-rise tower. Together,
they provide an emblematic vi-
sion of new urban dynamism
born out of the combination of
disparate elements.

現代においてアートとはどのようなものと考えますか？

（（・アーティストはいつの世でも自分の感情を表現する新しい方法を模索しています。感情は普遍的で変わらないものですが、アーティストが創り出す表現方法は絶えず変化します。もちろんテクノロジーによってイメージの作り方も見せ方も違ってくるでしょう。

クモ（ママン）の意味は？
あなたのママン（母）について話して下さい。

（（・クモを最初に描いたのは1947年のドローイングでした。《ママン》という彫刻は私の母に献げた頌歌です。なぜクモかって？ なぜなら私のベスト・フレンドは母だったからで、彼女は思慮深く、賢く、辛抱強く、安らぎを与え、道理をわきまえ、上品で繊細、なくてはならない、きちんとしていて役に立つ人だったのです、ちょうどクモのように。彼女はまた、自分自身を、そして私をも守ることができました……クモのように母は編む人でした。
私の家はタペストリーの修復を商売にしていて、母がその工房を切り盛りしていました。クモは蚊を餌にするので歓迎される存在です。蚊が嫌われもので、病気をまき散らすことはみんな知っています。だから、私にとってクモは助けの手を差し伸べ、守ってくれるものなのです。まさに私の母のように。

21世紀の新しい都市にママンは何を与えてくれるでしょう？

（（・「良き母」、賢明で保護を与えてくれる親しい存在、という「ママン」が基本に置いている感覚はどの世紀にも通じるものです。私は作品が時間を超えたものであることを願っています。誰もが自分を助けてくれ、面倒をみてくれる、身近で信頼のできる人を必要としています。（翻訳：梅宮典子）

大きくてインパクトのある《ママン》は、六本木ヒルズで一番の待ち合わせ場所である。背後には東京タワーも見え、絶好の記念撮影スポットでもある。

The striking 《Maman》 figure marks one of Roppongi Hills' most popular meeting points. With the Tokyo Tower in the background, it provides a prime photo-shooting opportunity for visitors.

作品と周囲の空間がより結びつき、関係し合うようにと、8本の足のうち2本を、植栽のある丘に踏み入れるような形で設置を行った。すっきりと整理された広場に黒々とした影を落とすクモは、今にも動き出しそうだ。

Two of the spider's eight legs are planted in landscaping so as to tie it into the surrounding space. The shadowy form seems poised to skitter across the otherwise pristine plaza.

ドイツの女性作家であるイザ・ゲンツケンは、これまで建築的なモチーフを持つ立体作品を数多く制作してきた。その形状はおよそ抽象的で、建築的スケールで作られた門のような形をした作品や、高層建築の模型のような彫刻などを発表している。

しかし今回六本木ヒルズに設置した作品は、一輪の赤い薔薇である。それはゲンツケンの作品としては驚くほどリアルでロマンチックであり、また官能的でもある。スティールを鋳造し、それぞれのパーツを組み上げ、高さ8mに達している。

ポップアートの一つの戦略は、日常見慣れた事物を、まったく異なったスケールに拡大し、その存在の意味をずらし、問いかけることである。その意味でこの作品は、ポップであり、また知的だともいえるだろう。

この作品は環状3号線道路上の人工地盤に設置されているので、通常の地面のように深く基礎を沈めることができないが、細心の注意を払い、かなりのボリュームをもって基礎作りがされている。さらに、薔薇の細い茎が強風にも耐えうるように、薔薇の花中に、200kgの鉄のおもりを埋め込み、バランスを取るといった、構造上の工夫も凝らされている。また、この作品は66プラザの下を通る環状3号線道路を走る車からもよく見え、六本木ヒルズ全体のサインとしても機能するよう意図されている。

((· Isa Genzken
Rose

イザ・ゲンツケン ［薔薇］

1948年バート・オルデスローエ（ドイツ）生まれ。ケルン在住。
69-71年ハンブルク美術学校、71-73年ベルリン美術学校、ケルン大学で美術史と哲学を学ぶ。73-77年デュッセルドルフ美術アカデミーで学ぶ。
80年代初頭、大掛かりな床置き木製彫刻によって注目を集める。
個展は「MetLife」（EA-Generali Foundation、ウイーン、1996）、Galerie Stadtpark（クレムス、1994）、ポルティクス（フランクフルト、1992）ほか多数。

赤い一輪の薔薇は、愛や情熱を表すと言われている。そのようにポジティブなメッセージを発信し続けることで、この作品は六本木ヒルズに格別の意味を付与している。それは自然を象徴すると共に、人間の精神、愛に言及することで、「アート・アンド・ライフ」すなわち生活とアートを楽しもうという提案に繋がる重層的な意味を生んでいる。

単なる繰り返しのような日々の生活の中に、アートは特別なヴィジョンと遊びの精神をもたらしてくれる。それは時に批判精神に満ちているが、また時に永遠に美しく、人々が長い間愛し続けるようなものになるだろう。イザ・ゲンツケンの薔薇は、おそらく長い間愛され続ける、もっともエレガントな作品となるに違いない。（N.F.）

高さ8mにもおよぶ一輪の赤い薔薇。設置の際には、このままの姿でトラックからクレーンで吊り上げ、地面に差し入れた。その光景は、あたかも巨大な都市を器に、花を活けているかのようだった。

This 8-meter-high red rose was lifted by crane from a truck and installed straight into the ground. It seems as if the city has become a gigantic vase for arranging flowers.

薔薇の周囲を、異なる建築家たちによる様々なスタイル
の建物が取り囲んでいる。その一つ一つが、住居、
仕事場、映画や買物を楽しむ場所と、異なる機能を
持っている。六本木ヒルズは、都市の生活が凝縮した
ような街だ。その中に咲く一輪の薔薇は、生活に
やすらぎを与えてくれる存在だ。

Around the rose, different architects
have created various buildings — flats,
workplaces, cinemas, shopping venues
— each with its own function. Roppon-
gi Hills represents a concentration of
urban life, animated by a single rose
that lies at its heart

イザ・ゲンツケンのデザインにもとづいて、ドイツの工房で制作された。やわらかい花びらや、茎のとげ、葉の葉脈にいたるまで、一つ一つ精緻に仕上げられている。

Manufactured in a German workshop to Isa Genzken's design, the soft petals, thorny stem and veined leaves are all the result of precision craftsmanship.

高さ12mに、44体のロボットが積み上がったタワー
《ロボロボロボ》。夜には、ロボットの目と胸に仕掛け
られた光ファイバーが、様々な色に点滅する。まるで
一つ一つのロボットが意志を持ち、はるか彼方の
世界へと信号を送っているかのようだ。

The 12-meter-high 《roboroborobo》 is
composed of forty-four stacked ro-
bots. At night fiber-optic lights em-
bedded in the robots' eyes and chests
twinkle in different colors. It feels as
if each robot is sending out a signal
to a distant planet.

36

チェ・ジョンファは韓国で最もポップな作品を発表している作家だ。彼の作品はしばしば身の回りの日常的な事物、材料、主題を使って作られる。たとえばテレビの人気番組、プラスチックの籠、お菓子、警察官、なんでも彼のインスピレーションの源になる。

六本木ヒルズのこの作品は、さくら坂の途中にある小さなさくら坂公園に設置されている。公園は傾斜地の中ほどにあり、上部の広場と芝生の植えられた斜面、そしてさくら坂の歩道に接した小さな平地からなる。この少し複雑な地勢を利用して、数多くの作品を展開している。

主題は、一昔前の子供の玩具、組立式の昔懐かしいブリキのロボットだ。公園内には、拡大され、色とりどりに彩色された全部で50体のロボットが設置されている。公園下の平地には、44体のロボットを高さ12mに積み重ねたタワーがそびえ立つ。ロボットの目や胸には光ファイバーが仕込まれ、

((Choi Jeong Hwa
roboroborobo
(roborobo-en)

チェ・ジョンファ（崔正化）［ロボロボロボ（ロボロボ園）］

1961年ソウル（韓国）生まれ。87年弘益大学（ソウル）卒業、西洋画専攻。
学生時代より作品を発表し始め、現在はアーティストだけでなくインテリア・デザイナーとしても活躍。
ソウル在住。96年Traditions／Tensions展ニューヨーク、アジア・ソサイエティ）、
第2回アジア・パシフィック・トリエンナーレ、2001年横浜トリエンナーレなど国際展の参加多数。

夜になるとそれが光る。上の広場に置かれた色とりどりの異なった形の滑り台、そして斜面に沿って円周状にカーブした長い滑り台、これらもすべてチェのデザインである。高い物見台の上に、また横にあるパーゴラの上にもロボットが乗り、公園で毎日楽しく遊ぶ子どもたちを見守っている。

このように、チェは、偉そうに美術館に置かれているものだけがアートではないと考えている。アートらしくなくても、毎日人々に楽しまれるなら、その方がいいのではないだろうか、とも語っている。ロボロボ園は、一人のアーティストの様々なアイデアが子どもの遊具と公園全体の空間として実現した、ユニークで究極的なパブリックアートの一つの形として、社会とアートの関係に重要な示唆を与えているのではないだろうか。（N.F.）

公園には、毎日たくさんの親子連れが遊びに
くる。チェは、子どもたちにはアートかどうか
なんて関係ないと言う。子どもたちにとって、
ここは楽しい遊び場であり、生き生きとした
暮らしの場そのものなのだ。それは、日常生活
におけるアートの可能性について示唆している。

Every day, many parents bring their
children here. Choi Jeong Hwa says
it doesn't matter whether the kids
think it's a work of art or not; it's a fun
place to play. This vibrant activity
area hints at new possibilities for art
in the living environment.

カラフルなすべり台は、FRPと呼ばれるガラス繊維を用いた強化プラスチックで出来ている。プラスチックは、チェが一番好きな素材だ。理由は、軽くて丈夫なうえに、色も形もバリエーション豊富だから。その使いやすさから、普段あらゆるところで利用されているし、そんなところが好きだと言う。

These colorful slides are made of fiberglass-reinforced plastic (FRP). Plastic is Choi's material of choice. Light yet strong, it adapts to all different colors and shapes. His preference is derived from its ready usability and easy application for everyday items.

公園全体のランドスケープデザインは、デザイナーの佐々木葉二が所長をつとめる鳳コンサルタント株式会社環境デザイン研究所が担当した。アーティストとデザイナーで協議を重ね、両者のコラボレーションにより、すっきりと整理されながらも自然味を感じさせる風景ができあがった。

The overall park landscape design is the work of Sasaki Yoji and Ohtori Consultants. Here the collaboration between artist and designers has resulted in a succinct, yet natural appearance.

通称「ロボロボ園」は、レジデンスエリア
の一角に位置する。背後には、何千人もの
ビジネスマンが働く森タワーが見える。
日の光を受けてシルバーに輝く森タワーの
硬質なイメージに対し、暖色を基調とした
レジデンスの建物は陽だまりのような
暖かみを感じさせる。ここは街の中でも
最もゆったりとした日常生活の空間だ。
カラフルなロボットたちは、そこに親しみの
ある賑わいを添えている。

A park named 《roborobo-en》 is
at the edge of the Residence
area. Visible in the background
is the Mori Tower where thou-
sands of people work. In coun-
terpoint to the gleaming metal-
lic Tower, the earth-toned
Residences suffuse a warm sun-
ny glow — and offer some of
the most ample living spaces in
town. The colorful robot figures
add a lively touch.

Front View   Side View

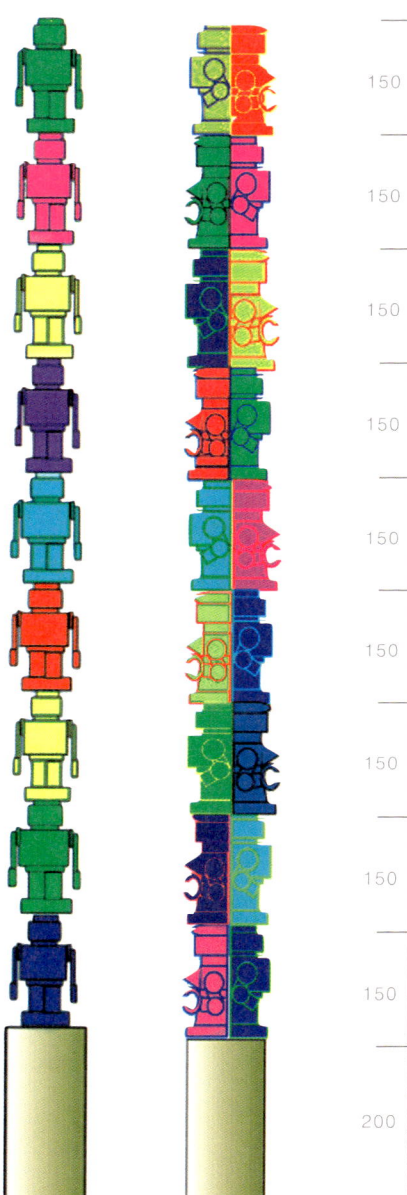

150
150
150
150
150
150
150
150
150
200

Layout : Kids' Garden

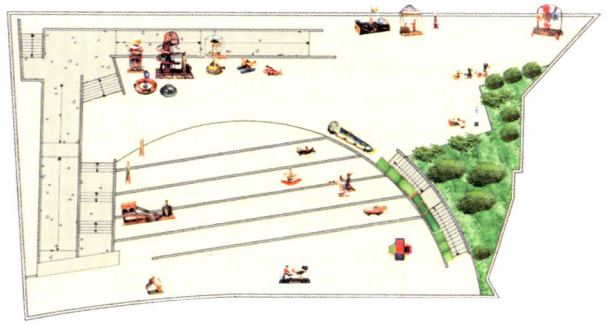

Image View : Kids' Garden

42

パブリックな場所に置くものについてはどうお考えですか。

((パブリックアートはアーティストのものじゃないと思うんです。使っている人、見ている人、みんなのもので、主人がないアートです。生活とアートの間にあるものじゃないかと思います。

そういうアートというのは、どうあるべきだと思いますか。

((私が考えているアートはつくるものじゃなくて、考えられるものですから、見ている人によって違うと思います。これがアートに見えるか見えないかも人によって違いますから、私は、パブリックアートは美術専門の人のための美術じゃないと思います。普通の人のものですから、普通の人たちの考えが重要だと思います。

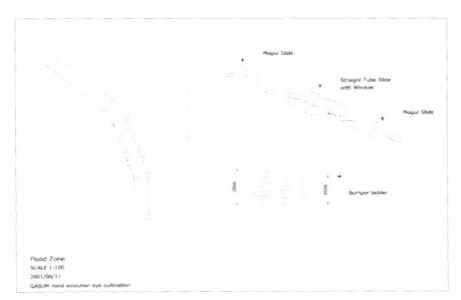

外国の例でも、パブリックアートを置いたら非常に評判が悪くて、どけなきゃいけないことになったりとか、周りにいる人たちが理解できないアートがあったりするんですけど?

((それは美術そのものがだめな美術でしょう。みんなが知らない、わからない、見たくないと言っているんでしょう。

見方がわからない?

((そうですよ。私は以前、記念撮影のための作品をつくったことがあります。建物の前にも彫刻があるでしょう。でも記念撮影をしたい作品は別にあります。なぜ記念撮影したいと思っているかを考えて、それをつくりたいと考えました。みんなが記念撮影をしたくなるような作品。そういうものが重要なんじゃないかというふうに思うんですね。

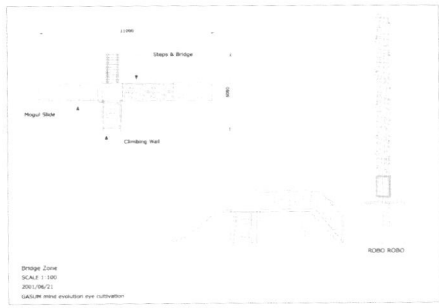

ここでは何でまたロボットなんですか?

((日本のイメージは、私にはロボットです。その中でも、ここでつくったロボットはハイテク、機械的じゃなくて、もともとが友達だったロボットみたいなのをつくりたかったです。ロボット自身も子供みたいでしょう。

あ、これは子供のロボットなんだ?

((大人のロボットじゃないですよ。

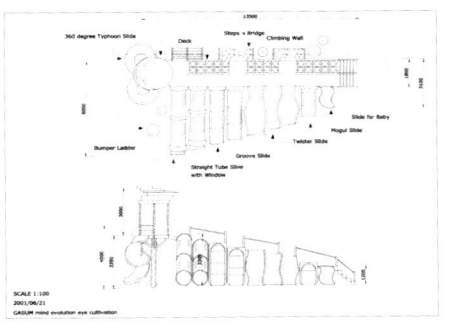

何で日本だとロボットというイメージなんですか。先ほどブリキのおもちゃとかの話がありましたが?

((ブリキもあって、漫画もあるでしょう。日本のいろんなロボットの漫画。日本ではほんとうに生活の中でいろいろなロボットをつくって、使ってるでしょう。まあ、イメージですから説明は難しいですが。初めて来日したのが1983年でした。その前、韓国でいろいろな日本の本とか文化を勉強したんですけれども、昔の日本の人形、土の人形もロボットみたいだと私は思いました。昔の遊具とかおもちゃもロボットみたいのがたくさんあったでしょう。

どんな公園になったらいいですか?

((みんなが、愛する、みんなが、I love 公園、I love ロボロボ園だったらいいです。

((Martin Puryear
Guardian Stone

マーティン・プーリエ［守護石］

1941年ワシントンDC（U.S.A.）生まれ。アメリカ・カトリック大学で生物学を学ぶ。
64-66年平和部隊の隊員としてシエラレオネに滞在。
66-68年ストックホルムのスウェディッシュ・ローヤルアカデミーで版画を学ぶ。
同時に彫刻も学ぶ。71年にイエール大学から彫刻修士を授与される。
68年ストックホルムのグローナ・パロテン・ギャラリーで初の個展を開催。その後、多くの個展を開催。
また、89年サンパウロビエンナーレを始めとして、数々の国際展に招待される。

アメリカ生まれの彫刻家、マーティン・プーリエは、1980年代以降、新しい感覚を持つ彫刻や
インスタレーションを多数発表し、非常に高く評価されている。
今回の六本木ヒルズの作品は、背後に緑豊かな日本庭園を望む、テレビ朝日本社ビルの正面
入口、車回しの横に置かれている。巨大な人の頭部のような、丸く、不定形の石の彫刻である。
高さは約3.7m、複数のパーツを現場で組み上げて作られた。
テレビ朝日本社ビルに対比することを考えると、この場所に置かれる彫刻にはこのくらい大きな
ボリューム感を必要としたと言えるだろう。その前に立つと作品の持つ重量感が見る者を圧倒し、
また光の状態によって浮かび上がる様々な陰影は見る者を飽きさせない。形態はシンプルなので、
一種のミニマル・アートのようだが、単純なミニマリズムとは違う複雑な雰囲気を漂わせている。
それはおそらく、全体のシルエットを描く微妙に複雑な曲線から生まれているのだろう。
もしこれを人の頭部と見るなら、テレビ朝日、そして六本木ヒルズを訪問する人々に挨拶をして
いるのかもしれない。また彼がつけたタイトルを考えると、入口を守る守護神のようにも見えてくる。
いずれにしても、強い存在感を持つオブジェとして、六本木ヒルズの広大な敷地全体に点を打つ
ランドマークとして存在していることは確かである。
公共の場におかれる彫刻には、時としてこのように長い年月が経っても、消費され、飽きられること
のない厳とした存在であることが求められる。プーリエの作品は、そうした時間を超越する作品の
代表として、またテレビ朝日本社ビルのシンボルとして人々に長く愛されるだろう。（N.F.）

人間の頭部？にも見えるような形。プーリエ氏に訊いてもはぐらかすだけ。見る人によって、自由にイメージを抱いてもらいたいとのことである。

"A human head, perhaps?" — To this question, Martin Puryear only shrugs and says "Let it be whatever anyone wants to see in it."

離れて見るとシンプルでミニマルな形を
しているが、近付くと職人がノミで叩いて
削った跡が無数に見えてくる。職人の手の
存在を感じさせる細かい跡が、硬くて巨大
な石の塊にやわらかい微妙なニュアンス
を与えているのかもしれない。

Simple and minimal when seen
from a distance, closer inspec-
tion reveals countless chisel
marks. Traces of the stone ma-
son s hand give subtle nuances
to the hard stone mass.

46

槙文彦のシンプルで明るい建築空間と、ソル・ルウィットのミニマルな＝最小なものへと単純化された表現は、完全な一致を見せている。まさに建築家とアーティストの幸福な関係と言えよう。

Sol LeWitt's minimal wall drawing makes a perfect match to Maki Fumihiko's bright and simple architecture.

48

ソル・ルウィットは、1960年代に登場し、美術史の中にその存在を確立した一つの重要な動向であるミニマリズムのアーティストである。彼は、立体作品においても、平面作品においても、一貫してミニマル（最小）な作風を貫いてきた。たとえば、正方形のグリッドの繰り返して全ての壁を埋め尽くし、その正方形の中に斜線や交差線がリズミカルに描き込まれている絵画、あるいは重ねられた立方体がピラミッドや塔のように立ち上がっている彫刻などを見ると、彼の作品のエッセンスが形態を生み出すシステムにあることが分かる。形態が作られていく原理といっても良いかもしれない。その原理を確定すれば、あとは作品が自動的に生成される。しかし最近はそうした60年代のストイックな表現よりも複雑な形態と明るく多彩な色彩を使うようになっており、そこに新しい展開を見ることができる。

六本木ヒルズのこの作品は、テレビ朝日本社ビルのロビー奥の長大な壁に、壁の形態に合わせ大きな抽象を描いた壁画である。その色は多様で明るく、円弧をモチーフにしており、8つの矩形の上にうまく展開するように中心が置かれている。6つの円弧は波紋が幾重にも重なり合うように描かれている。

ガラス壁の奥に見えるこの壁画は、ミニマルさを保ちつつ、テレビ朝日本社ビルという非常に公共性の高い空間を明るく、楽しげに彩っている。この作品を見ると、ミニマリズムを原点とした抽象作品もパブリックな場をきわめて効果的に演出できることが分かるだろう。パブリックとプライベートの境界が曖昧になりつつある今、私たちに一つの示唆を与える作品である。（N.F.）

((· Sol LeWitt
Wall Drawing#948
Bands of color [circles]

ソル・ルウィット ［壁画♯948カラーサークルの縞］

1928年コネチカット州ハートフォード（U.S.A.）生まれ。シラキューズ大学で学ぶ。
62年立方体を反復させたミニマルアートの制作を始める。70年代には建築的規模の仕事、壁面の作品などを制作。80年代は壁面の作品が鮮やかな色彩によりさらに展開する。
ドクメンタ7（カッセル、1982）、彫刻プロジェクトミュンスター1987、
第45回ヴェニスビエンナーレなどに参加。主な個展「ストラクチャーズ1962-1993」ほか。

夜になると、作品の向かい側にあるガラスの
壁面に反射して、模様が映し出される。ホール
中央に立ち、幾重にも折り重なる波紋に両側
から包まれると、無重力のような感覚にとらわれる。

At nightfall, the artwork reflec-
ted in the glass wall beyond
creates marvelous patterns.
Standing in the center of the
Hall, surrounded by layer upon
layer of waves, one can feel vir-
tually weightless.

作品は、1階の吹き抜けホールと、2階の
バルコニー状のロビーの二つのフロアー
の壁に、それぞれ分断されて描かれている。
カラフルな同心円のリズムを巧みに配置する
ことによって、二つの異なる空間を一体化
させ、動きのある空間へと変容させている。

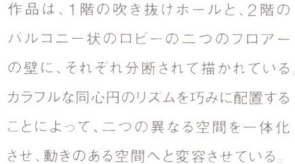

The walls of the ground level
atrium and upper level balcony
lobby are painted separately.
yet they are skillfully unified by
colorful, concentric rhythms —
adding a dynamism to the en-
tire space.

2階の部分。通路をはさんで、吹き抜けのホール
に面したバルコニー状のロビーがある。

The upper level balcony lobby
opens on either side into the Hall
below.

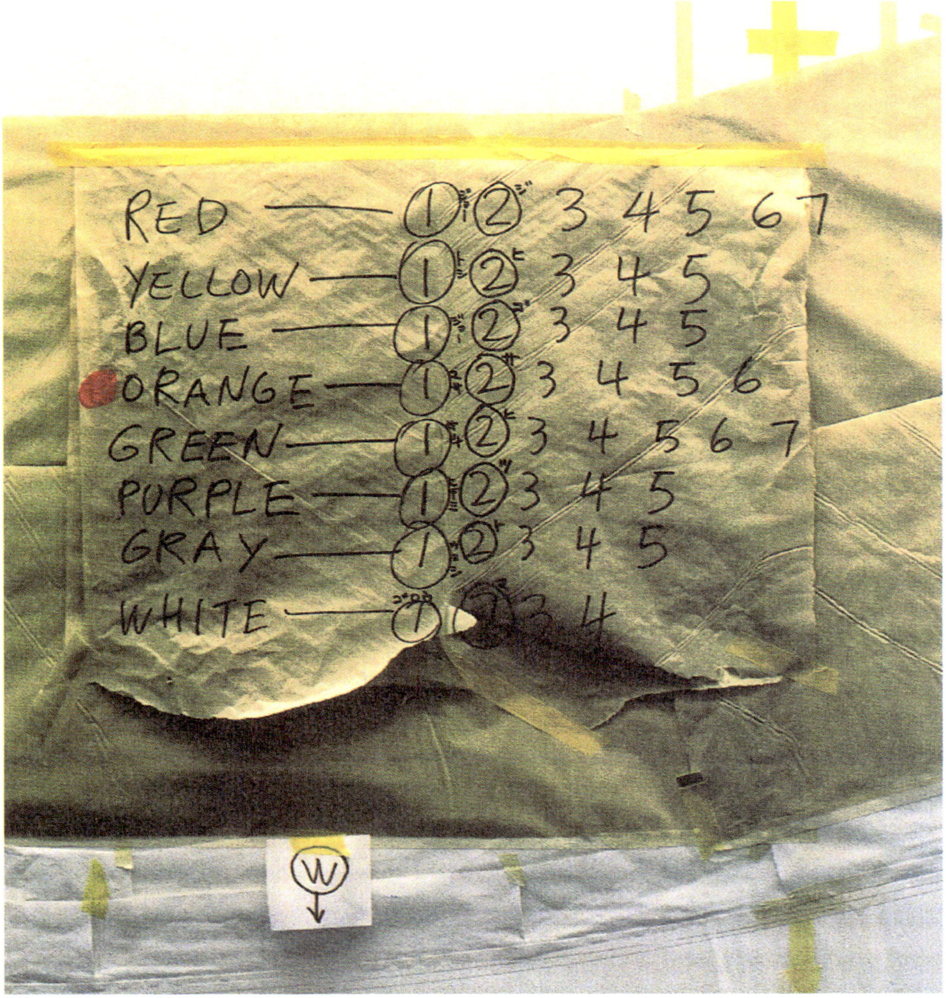

一糸乱れぬ同心円の規則正しいリズムと、
なめらかでフラットな表面の仕上がりは、
まるでコンピュータで描かれたかのようで
ある。実際には、職人の緻密な手作業に
よるものである。

The precisely-lined, concentric
circles with their perfectly
smooth, flat finish appear as
though they had been digital-
ized or processed by computer.
in fact, it's the painstaking han-
diwork of master artisans.

宮島は今回の作品では、カラフルなネオンがあふれる
都市を舞台に、ストイックなまでに純粋な光と闇だけ
の世界を構築している。その強烈な光は、歩道を歩く
人々を黒々としたシルエットとして浮かびあがらせて
いる。あたかも都市の風景が、作品の中に飲み込まれて
いるかのようだ。

Miyajima Tatsuo's piece, 《COUNTER VOID》
stages a memorable vision of pure light
and darkness against the colorful neon of
the city — or is it the cityscape that's
drawn into the artwork? — silhouetting
passers-by in stark black and white.

宮島達男が国際的に知られるようになったのは、1988年ヴェニス・ビエンナーレに「時の海（sea of time）」を出展してからだろう。この作品は、暗い部屋の床に300個のLED.（発光ダイオード）がランダムに散開し、静かに数字を刻んでいるものだった。以来、宮島は数字をモチーフにして、作品を発表している。

彼は数字を表すのに、LEDに加え、液晶ガラス、ネオン、鏡を使い、また素描や絵画にまで発展させている。彼の作品の多くは、この六本木ヒルズに設置された《カウンター・ヴォイド》のように、空間や建築に合わせたサイトスペシフィックな作品となっている。

《カウンター・ヴォイド》は、六本木ヒルズのメインストリートであるけやき坂通りと環状3号線道路が交差するテレビ朝日本社ビルの角に、50mのガラスの壁を作り、その中にネオンを埋め込み、

Miyajima Tatsuo
COUNTER VOID

宮島達男 ［カウンター・ヴォイド］

1957年東京生まれ。84年東京芸術大学美術学部油絵科卒業。86年同大学院美術研究科絵画専攻修了（修士）。
90年アジアン・カルチュラル・カウンシル（ACC）の招きでニューヨークに滞在。
90-91年ドイツ文化賞芸術家留学基金（DAAD）留学生としてベルリンに滞在。
93年カルチエ現代美術財団アーティスト・イン・レジデンス・プログラムでパリに滞在。現在、茨城県在住。
主な個展「時の浮遊」（フジテレビ・ギャラリー、1999）、「カウンタールーム」（豊田市美術館、豊田、1998）、
「Tatsuo Miyajima」（カルティエ現代美術財団、パリ、1996）、「ランニング・タイム」（クンストハーレ・チューリッヒ、1993）ほか多数

数字を表現している。ガラス壁は高さ5m、数字は全部で6個ある。この6つの数字はそれぞれ異なったリズムで1から9までランダムに数を表示している。数字の部分は、昼は光り、夜は暗転し、地が光るようにしつらえてある。

宮島はこうした一連の作品を、仏教を援用して、全てが関係し、因果応報となるこの現実社会を表していると説明している。また、数字には0が表れないが、それは輪廻転生し、決して決定的な死が存在しない仏教的世界観を表している。それは六本木ヒルズという新しい街に生きる多くの人たちの生活のリズム、彼らの人生、そして街の生命の象徴であるかのようだ。

数字という抽象的な概念で、多様な意味をつむぎだし、複雑な街と社会と人々に重ね合わせる手法は、六本木ヒルズのパブリックアート計画に奥行きと深みを付け加えているといえるだろう。（N.F.）

高さ5m、全長50mにおよぶ巨大な壁には、6つの数字がそれぞれ異なるスピードで9から0へとカウントダウンを繰り返す。0のときに、数字は表れない。数字は消滅し、完全に無となる。

On a gigantic wall (50 meters long and 5 meters high), six illuminated panels repeatedly count down from 9 at different speeds, and then blank out after zero.

56

数字の壁は、放送センターの建物と一体
となって、中継車をとめるバックヤードを
通行人の目から隠す機能も果たしている。
作品手前に見えるベンチは、建物を設計
した槇文彦のデザイン。

This forms part of the outside wall
of the Broadcasting Center build-
ing, and also covers up the sight of
any broadcasting vans gathering
outside.   The stone bench in the
foreground was designed by the
building's architect, Maki Fumihiko.

作品の中で、光と闇が昼夜て逆転する。
昼は数字が、夜には地の部分が光る。それは、
太陽と月の関係のように、異なる世界を
築きながら絶えず因果応報に流転する
万物の営みを暗示しているかのように見える

Light and dark elements in the
artwork are reversed — the nu-
merals glow by day, the back-
ground at night.   This evokes
the ceaseless karmic cycling of
the phenomenal world, like the
relation of sun and moon.

《 Miura Keiko
True Love

三浦啓子［真実の愛］

1958年同志社女子大学卒業。72年キャストグラスとエポキシ樹脂による新しい技法「ロクレール」を確立。
78年第8回世界クラフト会議で発表。92年関西芸術大賞受賞。
97年アメリカステンドグラス協会、SGAA招待講演。2000年クレアモント、カリフォルニアにて招待講演。
日本ステンドグラス協会会長。日本ガラス工芸協会会員。建築美術工芸協会会員。アメリカステンドグラス協会会員。
主な作品に東京国立博物館平成館（1998）。長野オリンピック冬期競技場（現長野市綜合市民プール）（1997）、
岡山カトリック教会（2001）、京都ホテルオークラ（1994）、千葉県小児医療センター（1988）、
白百合女子大学（1987）、サントリーホール（1986）、銀座教会（1982）、東京ユニオンチャーチ（1980）がある。
著書：「ロクレール作品集Ⅰ、Ⅱ」（春秋社）、「三浦啓子のガラスアート」（印象社）。

三浦啓子は、一貫してガラスという素材と取り組んできたアーティストである。これまでの作品の多くは、学校、病院、聖堂といった建築物の窓に設置されたステンドグラスで、透過光の効果を得ながら、時に明るくカラフルな空間を演出し、時に深く幻想的な雰囲気を作り出している。ステンドグラスは、もともとヨーロッパの教会で宗教的空間の演出に供されてきた。それは光がわれわれの精神性に大きな影響を与えるからに違いなく、その意味で、彼女の制作したステンドグラスも、われわれの心に訴える特別な効果を備えている。また彼女はステンドグラスにとどまらず、努力の末に「ロクレールガラス」という特殊な技法を編み出したことで知られている。

今回六本木ヒルズ森タワー、オフィスエントランスに設置されたこの作品は、32個のガラスの円盤が垂直に天井に向かって立ち上がっていく壮大なもので、鋳型を作り成型したキャストガラスと呼ばれるものである。この作品はこれまで三浦がしばしば制作してきたカラフルな作品とは異なり、無色透明で、きわめてストイックな純粋さを感じさせる。作品を内部から照らすライトが透明なガラスの輝きを一層高めている。

作家自身によれば、真実の愛とその重要性を表現しているこの作品からは、エネルギーが力強く上昇し、降下するきわめてダイナミックなイメージが感じられる。森タワーの巨大なロビー空間の上部を、建築とコラボレーションする形で飾ったこの作品は、パブリックアートの純粋でユニークなあり方と、アートと建築空間がどのように融合することが可能かを新しい感覚で示してくれている。（N.F.）

森タワー正面エントランスホールより天井に
向かって撮影した写真。直線によって整頓された
建築空間と一体となりながら、外からの自然光
をガラスの表面に反映させ、静かな佇まいを
見せている。

The Main Entrance Hall to the Mori
Tower, seen here from below, is a
well-ordered space composed of
linear elements. Natural light illu-
minates the glass surfaces and
creates a reflective mood.

正方形と正円による規則正しいリズム感と、ガラスの透明性が上昇感を演出している。そのストイックさと純粋さのうちに、人間が求める最も根源的なもの、「真実の愛」が表現されている。

The regularity of circles and squares is heightened by the transparency of the glass. In this restrained atmosphere, true love — an essence of life sought by everyone — is expressed.

ガラスは、鋳物で成形を行なうキャストグラスという手法で、ドイツで制作された。4つのパーツからなる正円は、それだけで重さ約200kgにも及ぶ。

The four pieces of German-made cast glass that form each circle each weigh around 200kg.

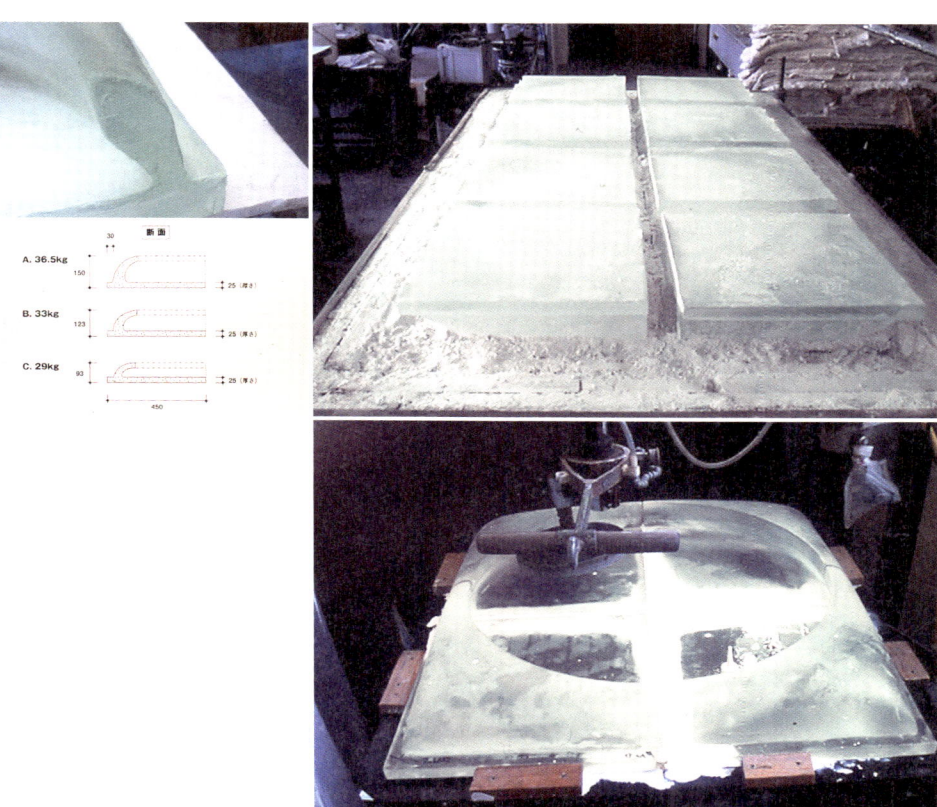

A. 36.5kg

B. 33kg

C. 29kg

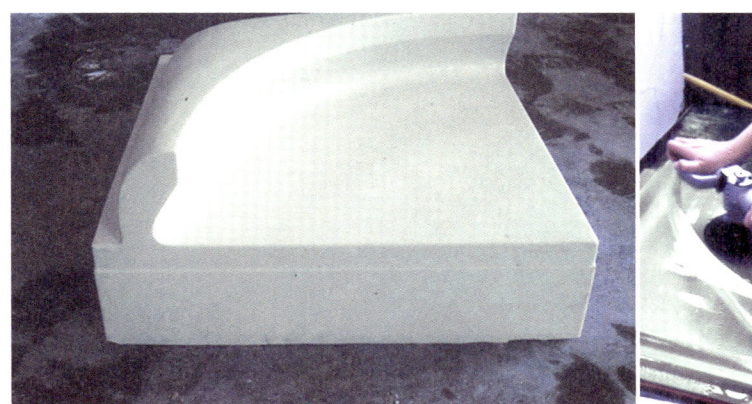

((· Mori Mariko
Plant Opal

森万里子［プラント・オパール］

1986-88年文化服装学院（東京）、88-89年バイアム・ショウ・スクール・オブ・アート（ロンドン）、
89-92年チェルシー・カレッジ・オブ・アート（ロンドン）で学ぶ。
92-93年ホイットニー美術館、インディペンデント・スタディ・プログラム（ニューヨーク）に在籍。現在、ニューヨーク在住。

森万里子は、現在、日本のアーティストの中で国際的にもっとも名前が知られている若手アーティストである。彼女は、現代のテクノロジー、日本の伝統文化、世界の様々な都市や歴史の参照、そして日本のキュートな若い女性といった、一見矛盾する様々な要素を組み合わせ、調合し、これまでだれも見たこともない新鮮なイメージを作り出す。

よく知られている作品としては、東京、ニューヨーク、パリなど、世界8都市の真っ只中に置いた透明なカプセルの中に、自ら未来的な服装をして横たわり、その様子を写真に撮って作品にするというシリーズがある。このシリーズは、世界の有名な廃墟4カ所でも行われている。また彼女の代表作である法隆寺夢殿を模したガラスの建築的作品は、1997年にプラダ財団（イタリア）で発表され、後に東京でも発表された。

今回六本木ヒルズで製作された森の作品は「お茶」がテーマである。すでにヴァージンシネマズの屋上には、稲田と芝生が植えられた広場が作られている。そこには櫻の木が立ち、ビルの谷間とは思えない里山の自然が作られている。

森は、この広場にUFOのような不思議で魅惑的な曲面を持つFRP等で作られた8mの円盤を置いて、その上で茶会を催そうという提案を寄せた。ビルの屋上にある里山で茶会を開くというのは、現代の風流であり、また複雑で混交した東京の文化状況の中に、ユニークな視点を持ち込むことにもなる。

白く薄い素材であるファイバーグラスの内側からLEDの光を発し、夕闇の中に美しく茫洋と光り輝くよう作られている。幻想的な未知の物体が、一方で、お茶会という日本の伝統文化の新たなプレゼンテーションの場となるところがおもしろい。

このように、新しいパブリックアートには、それを取り巻く社会、文化に新たな視点を付け加え、これまでにないライフスタイルを提案することも可能なのかもしれない。（N.F.）

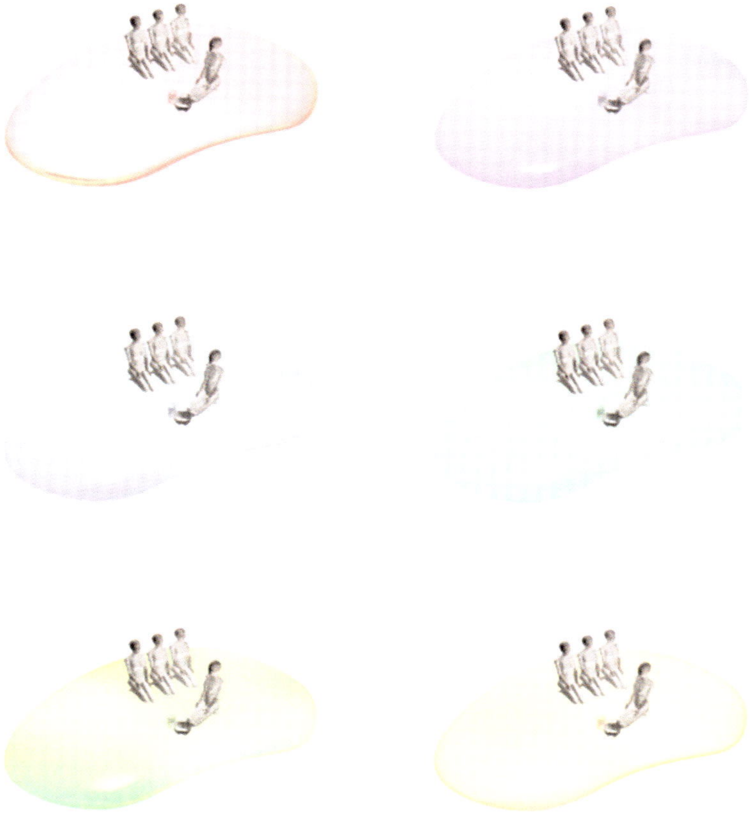

作品のコンセプトイメージ。UFOのような物体は、淡いパステルカラーの光を全体に帯び、風や温度といった自然の変化に合わせてゆっくり色を変えていく。その上で、日本の伝統的な茶会を催す。伝統文化とテクノロジーが組み合わさり、現代の風流が生み出される。

A concept drawing for a piece still to be completed. This UFO-like object is bathed in soft pastel light, with subtly shifting colors caused by natural changes in wind and temperature. On it, a traditional Japanese tea ceremony is in progress — an elegant meeting of traditional culture and contemporary technology.

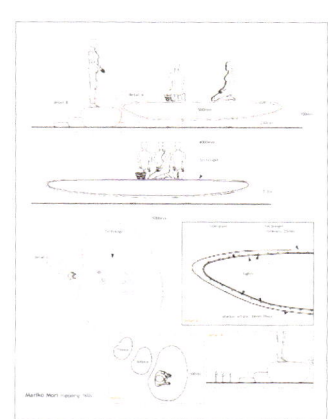

((· Cai Guo-Qiang
High Mountain Flowing Water:
3-D Landscape Painting

ツァイ・グォチャン（蔡國強）
［高山流水−立体山水画］

1957年福健省泉州市（中国）生まれ。上海戯劇大学美術学部に学ぶ。87-96年日本で暮らす。
89-91年まで日本の筑波大学で美術とミクストメディアを研究。95年よりニューヨーク在住。
95年ベネチア・ビエンナーレの「トランスカルチャー展」で「ベネッセ賞」受賞、
99年ベネチア・ビエンナーレで金獅子賞受賞。個展「蔡國強芸術展」（上海美術館、2002）、
「上海APEC花火プロジェクト：芸術焔火晩会」芸術監督（上海、2000）、「原初火球」（カルチエ現代美術館、パリ）ほか多数。

ツァイ・グォチャンは今、最も知名度の高い中国の現代アーティストだ。彼は、ダイナマイトを使った
多数のパフォーマンスで有名だが、特に規模の大きな作品として記憶されているのが、1993年に
万里の長城に1万メートルにわたって小型の火薬を仕掛け、一方の端から他方に向かって、
数分間のあいだ爆発させて行く、という作品だ。ツァイは、これは宇宙から見える唯一のアートだ、
と宣言している。そして2000年、上海でAPEC国際会議が行われた際、大がかりな仕掛け花火を
デザイン・演出し、名実共に火薬を用いるアーティストとしてその名前を世界中に知られるようになった。
火薬という中国の伝統文化を作品のモチーフにしたように、彼にとっては、中国の伝統文化が常に
重要なインスピレーションの源になっている。

六本木ヒルズ、グランド ハイアット 東京の車回し前に設置された今回の作品は、彼の彫刻としては
最大のものだ。それは中国の福建省で切り出され、彫刻され、運び込まれた緑御影石の塊である。
彼は、中国の伝統的な水墨画の描く深山幽谷の世界を立体的な形にしたかった、と語っている。
山を模した形、斜面からは何本もの滝が流れ落ち、1時間に数回、川から霧が噴き上がる。歩道側は
比較的垂直に立ち上がり、最も大きな滝がしつらえてある。ホテル側は、少しなだらかで、形は
より複雑だ。滝から流れ落ちた水は、縁石にそって川となり、最後はけやき坂に向かって地下に
吸い込まれる。

この作品は、その荒々しさや大きさ、重さで見る人を圧倒し、人工的で精密に作られた六本木ヒルズ
という新しい街に対抗するひときわ異質な存在となることに成功している。ツァイは、おそらくこの
方法で、人工的な六本木ヒルズに自然という別の要素を付け加えようとしたのだろう。霧が吹き
出すと、確かに少しばかり、この石の巨大な山が壮大でユニークな箱庭のように見えてくる。アートは
美しいだけではない、時には力強く存在を主張することも重要なのだ。（N.F.）

中国で「高山流水」という言葉は故事に
由来し、「互いに心が合い通じる」の意味が
ある。年賀状の挨拶文にも使われている
そうだ。世界各国から人が集まる六本木
ヒルズで、コミュニケーションが豊かに
生まれるようにとの願いがこめられている。

The old Chinese adage gaosh-
an liusui "tall mountains, flow-
ing waters", signifies "heart-to-
heart encounters." This work is
imbued with the hopes that
Roppongi Hills will attract peo-
ple from all over the world to
come and engage in meaning-
ful dialog.

滝から流れる水の勢いに対して、山のふもと
を周回する川の流れは非常にゆったりと
している。蔡によると、揚子江のイメージを
重ね合わせているということだ。目を閉じて、
水音に耳を傾けると、都会とは全く別世界が
感じられる。

The driving force of the waterfall
contrasts with the lazy stream at
its base. Cai Guo-Qiang says
his "three-dimensional land-
scape painting" echoes images
of the Yangzi River. Listening
with one's eyes closed, the
sound of the water carries us
away from the city.

最初の作品提案書。A案とB案の二つが
あったが、人物や建物など細かい具象的
なものを一切排して、山の荒々しい造形と
水音だけに絞ったB案が採用された。

Initial project sketches inclu-
ded two plans: A and B. Strik-
ing such representational de-
tails as human figures and
buildings, Cai opted for Plan B,
pared down to just mountain
crags and murmuring waters.

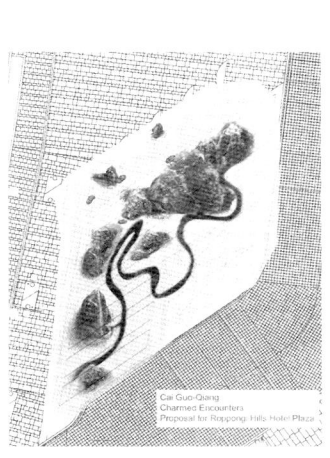

Cai Guo-Qiang
Charmed Encounters
Proposal for Roppong Hills Hotel Plaza

表現案

表現案A　山水画にある人物、塔、寺院、木立などの要素を具象的に彫刻することで、立体山水画
のコンセプトを強調する。

表現案B　山と川、水だけで構成し細密な彫刻は無し。よりシンプルな造形と水と音を強調し、
超現実的な作品の力を強調する。

A案

B案

コンセプトは？

《高山流水》、「高い山」と「水が流れる」というコンセプトです。近代の
建物は石、鉄、ガラスで作られたものが多いので、なるべく自然のパワーを
素材に使って自然に近いものを作りたいと思い、石と水の二つの素材を
考えました。それから「山水画」のような作品にしたかった。墨で描かれた
山水画はよく見ますが、立体のものはあまりない。人体の彫刻はよくある
けれど、風景の彫刻はあまりない。そういうのをやりたかった。また、石や水の
背後にあるコンセプトは、風水と関係があります。建物の入り口に交差点が
あるのは、風水でいうと、あまり良くない。気が荒い。だから、ちょっと山水を
おいて、流れを湾曲させたい。湾曲する流れがあれば、気がよくなり、人間
との関係も美しくなります。

蔡さんの今までの作品との違いは？

今までの作品は残らないし、一瞬で表現するものでした。
今回の作品はある程度、永久に残るものです。でもどちらの場合も、ブロンズ
のように永久に変わらないものではなくて、空気や時間が流れる中で、水が
流れるようにずっと変化する作品になることを望んでいます。時間の流れに
従って変化するインスタレーションです。時間の流れの中に滝や霧が
あったり、雪が降ったり、季節がある。時間の永遠で無限のイメージを生み
出して行きたいと思います。

一番苦労したところは？

どこまでリアリティーを守るかということが難しかった。山水画のように
もっと石も山の表情も精密にしたかった。でもそうすると石の素材そのもの
のパワーが弱くなってしまうのではと心配でした。どこで止めるかが、自分に
とっていつも迷いの一つでした。

どういう街を作ってみたいですか？

都会の中に山水のある街にしたいですね。入ると何か混沌とする
街ですね。生活したり、野生や自然があるところです。街は人間みたいな
生命体なので、いろいろなツボがあります。作品は針で、ツボに刺せば
元気になる。そこまでやればいいですよ。作品がお灸のように街のツボ
を探して刺すと街が生き生きする。そういうパブリックアートがいいんじゃ
ないかと思います。

70

制作プロセス

六本木ヒルズ・パブリックアート計画

現在、六本木ヒルズには、街の玄関口や広場といった敷地の要所に、森美術館館長であるデヴィッド・エリオットの監修による4つのパブリックアート作品が置かれ、テレビ朝日敷地内には、建物の設計を行った槇文彦が選定した、3つの作品が設置されている。さらに、約400mに及ぶ六本木ヒルズのメインストリート「けやき坂通り」沿いには、インテリア・デザイナー内田繁と10人のデザイナー・アーティスト・建築家のコラボレーションによって生み出された11個のベンチがおかれ、世界初の大規模なストリート・ファニチャー計画が展開されている。

エリオット監修による4つのパブリックアート作品設置の計画が正式に始動したのは、六本木ヒルズオープンの約1年半前、彼が森美術館館長として着任した2001年の11月であった。槇文彦と内田繁監修によるそれぞれの計画は、それ以前に具体化して進められており、この時期には、ほぼ参加者の候補も出揃っている状況であった。テレビ朝日敷地内のアート作品は、建物の設計者である槇文彦自らの選定により、モダニズムの流れを汲む建築のコンセプトに沿った形で、その空間を重層化する役割を果たしている。一方、内田繁によるストリートファニチャー計画は、"けやき坂"に沿って配置されることにより、一本の線に沿った物語を形づくっている。この企画はけやき坂の景観全体を形づくっている点から、「ストリートスケープ計画」と命名されている。

エリオット監修の4つの作品は、街に点在する形となっている。一つは、地下鉄日比谷線六本木駅の出口から上がった66プラザと呼ばれる広場の中央、もう一つは同じく66プラザの東端、ハリウッドビューティプラザ前の環状3号線道路を見下ろす小庭園の中である。そのほか、街の南端に位置するさくら坂公園内と、旧テレビ朝日通りから六本木けやき坂通りに入る角にあるグランド ハイアット 東京前の敷地である。いずれも街のアクセスポイントとして、モニュメンタルな意味合いを持つ場所である。

こうした特徴的な場所に置かれる作品の提案において重視されたのは、その場所が備える性質や意味とアート作品とが相互に作用することによって、日常の空間に奥行きを持たせることであった。また、それぞれの作品が様々に異なる形で街の顔となることによって、六本木ヒルズという再開発都市計画全体のコンセプトを体現し、象徴づけることであった。さらに付け加えれば、この壮大なパブリックアート&ストリートファニチャー計画と補完しあう形で森美術館が創設され、アーテリジェントシティという街全体のコンセプトに大きな貢献をしている。

((· Ogita Asako

荻田麻子

1972年ニューヨーク生まれ。森美術館学芸部パブリックプログラム、アシスタント・キュレーター。
95年上智大学文学部哲学科卒業。98年成城大学大学院文学研究科美学・美術史専攻博士課程前期修了、修士号取得。
2002年同後期履修課程修了。2001年森ビル株式会社入社。
同年より森美術館開館準備と、六本木ヒルズ・パブリックアート&デザイン計画に携わる。2003年より現職。

六本木ヒルズは衣食住に関する様々な施設を備えた複合型再開発都市だが、他の再開発地と異なる点は、"都市"の創出にあたって"文化"を核としたこと、そしてそれを明確に街の機能の中に組み込んだ点にある。その理念を象徴する一つの"装置"が街のランドマークである「森タワー」の最上階に創設された森美術館である。森美術館は、「アート&ライフ」、つまりアートと日常とのつながりをテーマとして、この時代を反映し生み出される現代アートを中心分野に据えている。また現代アートのみならず、写真、デザイン、ファッション、建築、ポピュラーカルチャーなど、幅広く現代文化を紹介する活動を進めている。しかし森美術館がビルの高層階から文化を発信する一方で、そこに住み、働き、あるいは買物する人々が行き交う地上の日常空間に展開するパブリックアート&デザイン計画もまたきわめて重要な役割を負っている。また美術館にとっても"美術館"という言葉自体の孕んでいる既存の制度とシステムの枠組みから外に出て、街の建設に関わるすべての人々と一体となってこの計画に参加したことは大きな意味を持っていた。

パブリックアート計画の開始時点では全体で20数名ほどの名前が挙がっていた。その中から最終的に提案を依頼するアーティストを選択するにあたっては、景観の印象を積極的に形作り、広がりを持たせることができるような作品を作れる能力が求められた。作品がその特殊な言語によって日常空間にもたらす異化作用こそが、街にとって重要なファクターだと思われる。したがって、候補として挙がった20数名のほとんどが、典型的な彫刻を制作するだけでなく、様々な表現方法を駆使して作品を発表しており、とりわけインスタレーション作品を多く手掛けているアーティストであった。インスタレーションとは様々な素材を構成して、作品を取り囲む空間全体が一つの作品となるようなもののことであり、1970年代ぐらいから盛んになったアートの形式である。

しかし、過去の作品例を参考にしても、未だ生み出されていない作品について誰に依頼するべきか決めるのは、なかなか難しいことであった。特に難航を極めたのが、六本木ヒルズの玄関口にあたる66プラザである。選考にあたってのキーワードは単純だが、"記念撮影をしたくなる"作品、そして、"待ち合わせ場所にしたくなる"作品であった。つまり、街の顔となると同時に人目を引くインパクト、一言で表現できる象徴性、そして日常とは異なるある種の異質な面白さと魅力、そして、親しみやすさを兼ね備えている必要があった。

72

そうした条件を勘案しながら、長い試行錯誤と調査の結果選ばれたのは、ルイーズ・ブルジョワのクモの形を
した彫刻《ママン》であった。プラザ端の小庭園に位置するイザ・ゲンツケンの《薔薇》も、既存の作品では
あったが、きわめて魅力的な選択となった。前者は、高さ10mという巨大さでありながら、8本の細長い足で
立つクモの軽やかな形状で、背景となる高層ビルの重量感を前に、広場の開放性を侵害することなく、
モニュメンタルな存在を主張している。また、整然とした真新しい街のたたずまいに対して、有機的な形が
もたらす異質な印象と、そこに内在するアーティストの私的な物語が挿入されることによって、人工的で
無機的な空間の質を変容させている。もともとはヒルズとは全く異なる文脈で生み出された作品である。
だがその存在は、やがて真新しい街に人々が行き交い、そこから無数のドラマが生み出されて、長い年月の
中で街が街らしくなることを暗示し、そのことを待ち構えているかのようである。実際、今ではヒルズ内の
一番の待ち合わせスポットとなっている。

《薔薇》にしても同様である。最初、プラザの下をはしる環状3号線から目印となるような高さのある作品を設置
しようということになった。設置を行う予定の小庭園は、非常に狭い場所である。しかし、高さ8mに及ぶ一輪の
薔薇の形をした彫刻は、その物理的要件に完璧にこたえている。しかも、優美でありながら、地上から毅然とした
強さを湛えて立ち上がるその薔薇の姿は、その周囲に美容サロンが位置するという、もともとその場所が持って
いた機能や意味ともイメージが呼応している。

両者は、もともとあった作品と同じものをそれぞれ海外で制作したのだが、実は国内で設置するにあたり、一つ
だけ改変を行っている。公共空間にあって必要な安全性を確かめるべく構造計算を行った際、日本が地震国
であるということが問題になったからだ。《ママン》にいたっては、総重量約11トンを細長い足で支えているだけに、
揺れの影響を回避するには、巨大な台座のような免振装置の上に置かざるをえない。しかし、それでは、通行の
邪魔になるうえに、コストも莫大となる。そこで、日本側が考えついたのが、クモに"ブーツ"を履かせることである。
つまり、ブーツの靴底と、設置する床面を同様にツルツルに磨きあげ、地震が来たら、クモがスケートのように
滑って移動し、揺れの力からの影響を逃がすというものである。この奇抜だがコストもかからないアイディアを
実施するにあたり、しかし作品の意匠に関わることなので、アーティスト側に問い合わせてみた。結果二つ返事で、

周囲の空間と乖離した巨大な台座より"小さなブーツ"を履かせましょうとの了承が得られた。更に、加えて作品と周囲の空間が相互により関係し合うように、クモの足を2本、タイルの床面から、芝生の丘へと突っこませるという提案にも、作家から大賛同を得ることとなった。

このように、街の中の公共スペースにある作品は、美術館の展示室にある作品と異なり、その制作、設置にあたって、法的要件や安全上の要件（地質、構造、建築条件など）といった様々な環境条件が課されており、それら全てをクリアしなければならない。さらに場所が持つ機能や意味、そしてそこに住み働く人々への配慮も必要となってくる。また、物理的な耐久性だけでなく、作品の意味や価値においても、時代や社会の流れに対して鮮度を失わない力を持っていることが望まれるであろう。

とりわけ場所に合わせて作品を制作してもらう場合、パブリックアートにおいて重要なことは、場所が規定する様々な要件や制約を考慮しつつも、もともと作品コンセプトが持つエネルギーや創造性を失わずに実現することである。そのため、アーティストと、その場所や作品の制作・設置にかかわる人々との間で、長期にわたるディスカッションを経て、作品は成立することになる。

この場所に合わせての新しい作品の提案については、ホテル前を中国人アーティストのツァイ・グオチャン（蔡國強）、さくら坂公園を韓国人アーティストのチェ・ジョンファ（崔正化）に行ってもらった。公共スペースへの作品設置においてはディレクションの仕方もいろいろだが、今回は、法的、物理的環境要件のほかには、計画および六本木ヒルズ全体のコンセプトを伝えるのみで、作品の形状等に関しては一切の具体的な要請は出さなかった。むしろアーティスト本人に実際の場所を見てもらい、そこに関わる人々との対話の中から作品を生み出すことに重きを置いたからだ。

蔡がホテル前に作品の提案を行ったときには、設置予定の場所を歩き回るだけでなく、建物の設計に携わる人々や、ホテルで働く人々との間で、幾度となく話し合いが行われた。そこでは、実に様々な意見が出された。蔡の提案は、日本や中国の伝統的な水墨画に描かれているような幽玄な山水風景を、故郷である福建省から切り出した緑御影石の巨大な岩で立体的に表わすというものであった。話し合いの中では、周囲の建築がもたらす

74

シャープでモダンな空間のイメージと、より同調するものがよいという意見もあった。街に必要なものは何か、そしてアートとは何なのか、ということが真剣に話し合われた。現在、その場所には、直線がおりなす整理された建築空間にあって、ごつごつとした岩山の迫力が見る人を圧倒すると同時に、そこに流れる水音が人々を和ませている。異なる性質のものが組み合わされることによって、一つの新しい世界を築いている。

アートがデザインと異なる点は、単に美しく形態を処理するということではなく、そこに意味があり、メッセージや問い掛けがあることである。アートは、ほかとは異なる独自のシステムと言語であり、それ自体はときに非日常性を帯びた仕掛けである。そして、それによって、普段は気にも留めない日常へと再び意識を立ち上がらせる作用を持っている。そこに日常との対話が生まれる。この対話を喚起するアートの力こそ日常空間を豊かに変容させるものである。そして、パブリックアート計画では、この長い対話のプロセス自体が、作品とプロジェクトの大きな一部分となっている。

今回の計画で最も興味深い事例は、六本木ヒルズの住宅棟と近隣地帯の狭間（はざま）にあるさくら坂公園、通称《ロボロボ園》である。ここは、六本木ヒルズ建設の計画段階当初から、行政との協定により公園の設置が予定されていた。そこでチェに、遊具を含めた公園全体について提案を行ってもらった。言わば、公園全体でアート作品なのである。しかし、彼一人がゼロから全てをつくりあげたというより、様々な人々とのコラボレーションによった。遊具については安全性についての規定が定められているため、遊具会社のノウハウを用いて制作された。チェには打ち合わせと作品の検討のため、六本木だけでなく、遊具の工場がある広島にも幾度となく足を運んでもらい、その間に6回にわたる提案の修正を行ってもらった。

一番最初の提案では、公園の敷地に小高い丘を築き、そこに果物の木や野菜を植えるというものだった。周囲の住民に果樹の栽培に参加してもらい、それによって作られる自然空間、つまり人工と自然という対極が共生する空間をつくることが提案された。しかし、地形を大幅に変更することが難しいことから、再度提案を求めることとなった。そこから、原初的な自然風景の中に、おもちゃ箱をひっくり返したようなロボットの集積による巨大なタワーが岐立するというプロトイメージが出来上がったのである。ここから次第に、彼のデザインしたロボットのイメージと、

既成の遊具が持つ形や色と、自然の3つの要素が組み合わさった現在の形へと、提案を幾度も重ねながら進化することとなった。こうした提案の修正に従い、ランドスケープについても、デザイナーとチェとの協議により、なるべく自然さを備えたものへと幾度となく変更を繰り返した。アートを軸としたコラボレーションにより、一つの場が生み出されたのである。

計画の進行途中で、既製遊具を部品として多用すると、オリジナル作品に見えなくなるのではとの問い掛けを行ってみたが、チェはあっさりと「遊具は遊具でしょ。遊ぶ子どもにとってアートかどうかは関係ない」と言い切った。公園をつくるという様々な要素が複雑に絡んだプロジェクトが成功したのも、こうした彼の柔軟な人間性に多くを負っている。結果、コミカルでレトロな趣きをたたえたロボットが登場する公園は、古い街と新しい街のはざまにあって、機械的で人工的なものと、人間的で自然的な要素が混在した空間になっている。それは都市の姿を象徴しているようである。そして彼の言葉通り、子どもたちは自分の遊びに夢中になっている。日常にあるアート、アートのある日常。言い方はどちらにせよ、パブリックアートに課せられた命題について、彼の作品を見つつ考えるとき、彼の言葉は示唆に富んでいるように思われる。

現在、六本木ヒルズでは、《ママン》の下で多くの人々が待ち合わせをし、《ロボロボ園》では子どもが遊び、ストリートファニチャーでは本を読んだり、談笑している。アートやデザイン作品は、美術館などといったフレームから離れて、街の日常空間へと流れ出し、その特異性によって空間を豊かに変容させながら、そのこと自体において日常の生活そのものとなっている。そしてまた、そうした日常の在り方は、敷居が高いと言われがちな美術館といった文化施設に気負うことなく、気安く足を踏み入れるきっかけとなるだろう。そうした生活の総体こそが文化であり、これが六本木ヒルズの提案する都市のスタイルなのである。こうした日常が、より日常へと近付いていくとすると、いつか美術館というフレームがいらなくなる時代が来るかもしれない。

都市空間の至福

パブリックアートの基盤は都市空間にある。単に私的領域以外の場というだけではなく、都市空間とは人びとが何の制約もなく出入りし、意見を交換し、情報を得ることのできるエリアを意味している。こうしたエリア――公共圏――は、都市生活に欠くことのできない一要素であり、そこに人びとが参加することが求められる。ユルゲン・ハーバーマスは公共圏を「公衆として集合し、社会のニーズを国家に対し表現する私人によって成立する場」と定義した[1]。世論は公共圏で形成される。この自由で開かれた批評の場においてのみ公衆は雄弁に種々の考えを表明することができる。だから、公共圏は対話やスピーチ、討議やディスカッションを通してもっとも効果的に形成され、維持されうる。ここでは公共圏に限定することなくむしろ「スペース」の性質について多く語っていくつもりだが、そもそも両者に大きな違いがあるわけではない。この意味でパブリックアートは視覚を通じて積極的にパブリック・スペースとの関わりを築いていかなければならない。パブリックアートは、作品と公衆とが自由に交流した結果として、パブリック・スペースに新しいタイプの文化的関係を創造する。博物館や美術館に展示されたアートも明らかに公共性を有してはいるが、それとパブリックアートとは性格を異にする。パブリックアートは時間を超越し、絶えず変化する可能性を含んでいる。また公衆は否応なくアートと対峙し、受容せざるを得ない。これに対し美術館は文化的コンテクストも空間も限定されている。今日、パブリックアート、アートパブリック、アーバン・アート、公共圏のアートという名称で呼ばれているものは、本質的に同じ現象を指している。

六本木ヒルズ・パブリックアート・プロジェクトは、東京の文化的中心にあって、商業施設、エンタテインメント、

註（1）
Jürgen Habermas, "The Structural Transformation of the Public Sphere: An Inquiry into a category of Bourgeois Society". Trans. Thomas Burger with Frederick Lawrence. Cambridge, MA: MIT Press, 1991. P.176

Huang Du

ホァン・ドウ（黄篤）

インディペンデント・キューレーター、美術評論家、北京在住。
1965年中国（Shaanxi Province）生まれ。88年中央美術学院美術史学科（北京）卒業。
91-92年ボローニャ大学で学ぶ。1988-2001年 Meishu（Art Magazine）編集長。
現在、Avant-garde Today, Jiangsu Art Monthly、Reading（Dushu）、
ART Asia-Pacific、シドニー・ビエンナーレ（1998）、光州ビエンナーレ（2000）のカタログなどに寄稿。
企画した展覧会：includes "Open Your Mouth, Close Your Eyes:"（北京、1995）、
"The Chinese Pavilion of the 1st Melbourne International Biennial 1999"
（オーストラリア）、"Post Material:"（北京、2000）、"Making China"（ニューヨーク、2002）、
"The 2nd Seoul International Media Art Biennale 2002"（韓国、2002）、
第50回ベニス・ビエンナーレChinese Pavilion（アシスタント・キューレーター、2003）、
第26回サン・パオロ・ビエンナーレChinese Pavilion（2004）。

Euphoria in Urban Space

Urban space lays the foundation for public art. It not only includes fields, and sites that are opposite to private scopes: it is also an area where the public has uninhibited entry and exit, exchanges opinions, and receives information. A necessary part of civilisation, this public sphere requires participation from the public. Jürgen Habermas defines the public sphere as "made up of private people gathering together as a public and articulating the needs of society with the state."[1] Public opinion is formed in the public sphere. Only in this free, open and critical field can the public adequately express various ideas. Thus, the public sphere can be most effectively constituted and maintained through dialogue, acts of speech, debate and discussion. What we are talking about here is more on the nature of "space" rather than the public sphere per se, although they are similar in meaning. In this sense, public art should relate to public space in a vivid, visual manner. Public art sparks a new kind of cultural relationship in public spaces that is the result of free communion between the art and the public. Public art differs from museum and gallery art, though there is a clear aspect of publicity in museums and galleries. Public art transcends the limits of time. It can be an object of constant change. It compels the public to accept and confront art. Museum and gallery art fits both a cultural context and space. Today, public art, art public, urban art and art in the public sphere essentially refers to the same phenomena.

In the heart of Tokyo's culture center, the Roppongi Hills Public Art Project gathers commerce, entertainment and art into one space. Not limited to acting as a kind of narrative "space,"

Notes(1)
Jürgen Habermas. The Structural Transformation of the Public Sphere:An Inquiry into a category of Bourgeois Society. Trans. Thomas Burger with Frederick Lawrence. Cambridge, MA: MIT Press, 1991, P.176

そしてアートをひとつの空間に凝集する。一種のナラティヴな「スペース」として作用しているだけではなく、六本木ヒルズはアート作品のコミュニケーションの所産でもある。ポップ・アートはポスト産業主義時代のヴィジョンを公衆の目に強調してみせるが、まさにそうしたヴィジョンに基づく美学の影響が顕著に見られるのと同時に、近代社会の建築やデザインなどの形態的特徴もそこに入りこんでいる。六本木ヒルズ全域に設置されたパブリックアートは単に特別な装飾としてあるのではない。そうではなく、人びとと文化とがダイナミックに相互作用を及ぼしあう場を表象し、それを育んでいくものなのである。そのようなスペースとして、六本木ヒルズは可塑性、生産性、創造性を内蔵している。

蔡國強の《高山流水ー立体山水画》はグランド ハイアット 東京の正面に建つ。この作品で蔡は中国の伝統的山水画を山水彫刻へと変貌させて、建築と環境との間の美的関係を再現し、人工と自然、伝統と近代とを比較対照させている。《高山流水》を通り抜ける人は、喧噪に満ちた都市の生活とは鋭い対照をなす心の均衡を得て満足する。作品は空間と一体化している。《ママン》というタイトルのルイーズ・ブルジョワのクモの彫刻は66プラザに位置する。20フィートを超える鋼鉄製の作品であるにもかかわらず、まるで心軽やかにユーモラスな調子で動いているかのように見える。作家は作品と環境を通じて人びとに子供時代を思い出させようとしている。森タワーを格好の背景にして地を這う巨大な黒いクモは、お伽話から抜け出てきたようだ。アートとしてどれだけ訴えるかは別にしても、人びとに自由に意見を述べるように誘いかける作品である。

宮島達男の《カウンター・ヴォイド》は抽象的作品で、テレビ朝日のファサードに設置されている。日本のポスト

Huang Du

HUANG DU was born in 1965, Shaanxi Province, P. R. China.
Currently he is an independent curator and art critic based in Beijing.
A graduate in Art History from the Central Academy of Fine Arts in 1988.
Huang Du worked as an editor for Meishu (Art Magazine) in Beijing from 1988 to 2001.
He studied at Bologna University, Italy in 1991-1992.
He has written articles on contemporary art for magazines such as Avant-garde Today, Jiangsu Art Monthly, Reading (Dushu), ART Asia-Pacific, and contributed to catalogues for the Biennale of Sydney 1998 and Kwangju Biennale 2000 etc.
As an independent curator, his shows include "Open Your Mouth, Close Your Eyes," (Beijing, 1995),
"The Chinese Pavilion of the 1st Melbourne International Biennial 1999 "(Australia),
"Post Material," (Beijing, 2000), " Making China " (New York, 2002).
"The 2nd Seoul International Media Art Biennale 2002" (Korea, 2002),
the Chinese Pavilion of the 50th Venice Biennale 2003 (assistant curator)
and Chinese Pavilion of the 26th Sao Paulo Biennale 2004

Roppongi Hills is also the product of artwork communication. In the public eye, pop-art underlines the visionary experience of the post-industrial age. The influence of visual experience is clearly evident in its formal application from architecture to design in modern society. The works of public art installed throughout Roppongi Hills are not merely superfluous decoration. Instead, they signify and foster a site of dynamic interaction between the public and culture. As such, the space incorporates plasticity, production and creation.

High Mountain Flowing Water: 3-D Landscape Painting created by Cai Guo-Qiang, stands in front of The Grand Hyatt Tokyo Hotel. In this work, Cai transforms a Chinese traditional landscape into landscape sculpture, reproducing an aesthetic relationship between architecture and environment. High Mountain balances handiwork and nature, tradition and modernity. When spectators traverse the sculpture, they find a sense of mind-balancing contentment in stark contrast to life in the noisy city. The work is well-integrated into the plaza space.

Artist Louise Bourgeois' sculpture, the "Maman" spider, stands in Roku-Roku Plaza. The steel mesh structure is over six metres tall and appears to be moving, and evokes a light-hearted and humorous tone. Bourgeois is attempting to remind the public of their childhood through the environment and cells. The work seems to emerge from a fairy tale, with Mori Tower serving as a foil to the huge creeping black spider. Whether the public finds it aesthetically appealing or not,

産業主義時代の文脈に表面上は合致しているように見えながら、作品は時間、空間、スピード、能率といった要素と戯れている。時間の流れを永遠の一瞬の継起として再現することによって、《カウンター・ヴォイド》は時空を超えて輪廻する存在と生命の連鎖を形成する。多くの人が作品の脇を通り過ぎていくが、時間を体感させることによって人それぞれの生命の条件をいま一度見直すという宮島のカウンターに、見る側として参加しているとはおそらく意識していないことだろう。

崔正化の《ロボロボロボ》は韓国の伝統的民芸品と現代韓国のポップアートの中間にあってコントラストの強い色彩を存分に活かしている。記念碑的な性格を有する現代の仏塔として提示することで崔は日常生活を偶像化する。ドイツ人アーティスト、イザ・ゲンツケンの《薔薇》は、公の場においてありふれた生を象徴するものとして「美」と「愛」を導入する。

六本木ヒルズ・パブリックアートプロジェクトにはストリートファニチャーも含まれるが、それらは実用的機能と美的機能とを合わせ持っている。アーティストもデザイナーもシンプルでアーティスティックな方法で人びとを惹き付けようとしている。内田繁とドゥルーグ・デザインの作品はどちらもポップアートに方法論を借りてきたが、一方、アンドレア・ブランジはミニマル、カリム・ラシッドは抽象を基盤にしている。どの作品も視覚言語にユーモアのセンスがあることで共通している。そして見る者に働きかけ、心と身体の双方の欲求を刺激する。

六本木ヒルズ・パブリックアートプロジェクトはポスト・モダニズムのアートの典型的未来を映し出している。

the work invites free expression of their opinions.

Miyajima Tatsuo has created COUNTER VOID, an abstract work installed on the facade of TV Asahi's headquarters. Seemingly consistent with the context of Japan's post-industrialism age, it plays with elements of time and space, speed and efficiency. By reproducing constant and instantaneous flow, COUNTER VOID constitutes the sequence of being and life that transcends time and space from the embodiment of one state of existence to the next. Many people pass Miyajima's public work, perhaps unconscious of their participation as a viewer of his counters that awaken an experience of time and thus redefine their state of being.

Choi Jeong Hwa's work, roboroborobo, fully exploits the contrasting color of materials between traditional Korean folk art and contemporary Korean pop art. He idolizes everyday life in his reference to a modern Buddhist stupa, characterized by a monument.

German artist Isa Genzken's work, Rose, manifests "beauty" and "love" to symbolize common life in the public sphere.

The Roppongi Hills Public Art Project also includes street furniture, which combines an economic function with an aesthetic one. Both artists and designers have adopted simple aesthetic

註（2）

Rosalind Krauss, "Sculpture in
the Expanded Field", from "The
Anti-Aesthetic Essays on
Postmodern Culture".Edited by Hal
Foster.The New Press New York.
1998.P.41
［邦訳 ロザリンド・クラウス「展開された
場における彫刻」、ハル・フォスター編
「反美学―ポスト・モダンの諸相」室井尚
＋吉岡洋訳、勁草書房 P.79］

註（3）

Michel Foucault, "Of Other
Space", from Documents X―
The Book, Cantz
Verlag,1997.P.263

つまり、都市の状況が文化的にどう発展するかに本質的に依存している、とういうことである。「ポスト・モダニズム的状況の中では、実践は所与の媒体――彫刻――への関係によってではなく、一群の文化的な諸項に対する論理的操作との関係で定義されるからである。そのために、「写真、本、壁の上の線、屈み、鏡、あるいは彫刻それ自体などの」どんな媒体でも利用されるだろう」[2]とロザリンド・クラウスが述べたように、彫刻はいかなる意味でも孤立して存在するものではなく、文化と空間に新しい意義をもたらす。別の言い方をすれば、「空間は私たちにとって場と場の関係という形をとる」[3]。

六本木ヒルズ・パブリックアートプロジェクトは、建築家、デザイナー、アーティスト、キュレーター、そして参加する公衆の想像力と創造性を一つに合体する。こうしたコラボレーションによって、アート作品と建築、アート作品と空間、アート作品と公衆との間に公共の基盤が形成され、人びとが自由に参加し、議論し、批判し、共有し、会話し、コミュニケーションをとることが可能になる。それによって、社会的公衆および文化的公衆の双方が志向する関係の美学の場が成立する。　　　　　　　　　　　　　　　　　（翻訳：梅宮典子）

※原文は中国語。本文は英訳より和訳された。

expressions that invite direct contact with the public. Both Shigeru Uchida and Droog Design's work borrows from the pop vernacular, while Andrea Branzi employs a minimal approach and Karim Rashid assumes an abstract language. All share a sense of humor in their visual language. They reach out to the viewer to whet both spiritual and physical appetites.

The Roppongi Hills Public Art Project is also representative of the future of post-modernist art. By its nature of design, this aspect makes it relevant to the cultural development of urban conditions. As Rosalind Krauss states, "Within the situation of post-modernism, practice is not defined in relation to a given medium — sculpture — but rather in relation to the logical operations on a set of cultural terms, for which any medium — photography, books, lines on walls, mirrors, or sculpture itself — might be used.[2]   Therefore, sculpture is not alone in producing a new cultural and spatial significance. In other words, "space takes for us the form of relations among sites."[3]

The Roppongi Hills Public Art Project coalesces the imagination and creativity of architects, designers, artists, curators, and the participating public. This collaboration provides public platforms between artwork and architecture, artwork and space, and artwork and public to give the public freedom to participate, communicate, and critique. It establishes a site of relational aesthetic, an object of both the social public and the cultural public.

Notes(2)
Krauss, Rosalind. "Sculpture in
the Expanded Field." The Anti-
Aesthetic Essays on Postmodern
Culture. Edited by Hal Foster.
New York: The New Press,
1998. P.41

Notes(3)
Foucault, Michel. "Of Other Space."
Documenta X: The Book.
Cantz Verlag. 1997. P.263

庭園と風景：都市構想の方法について

道を歩いていて、ふと一本の木の前で足がとまることがある。一本の樹木の根と幹の力強さ、張り出した枝振りの伸びやかさ、生い茂る葉の色合い、ゆったりした陰の広がりは、私たちの心を晴れやかにしてくれる。けれど、こうした経験は、歩道に沿って植えられた並木の一本の木でも起こりうるだろうか？ 植樹や都市のインフラ構想には、他にもさまざまな方法があるのではないだろうか？ 都市を考察する際に、庭園について考察するのと同じ繊細な方法を採用できるだろうか(1)？

ヨーロッパでは、「風景」という言葉には原則的に3つの定義がある。まず、絵画や素描、写真や映像などによる「再現表象」という意味で、一定の枠取りとの関係において決定されるイメージを指す。次いで、「現実」に関わる意味では、私たちが耕し、整備し、家を建てたりあるいは壊したりしている、この世界そのものを指す。そして3番目には、知覚から生まれる「感情」との関わりがある。この場合には、周囲を取り巻くものの一部であることを私たち自身が実感するとき、立ち現れてくる世界の姿を意味する(2)。このように、風景という概念には、時には人間が創造するイメージであり、時には現実そのものを指し、そして私たち自身の存在のあり方そのものまで含まれている。

風景への考察が都市整備に取り入れられ始めるのは1960年代である。1990年代に入ると、このような考え方が浸透していき、都市計画プロジェクトの構想段階からランドスケープデザイナーが参画するケースも生まれて

註（1）
私は庭園と都市内の公園とを区別している。都市にある公園は風景的な感情を喚起せず、自然との本質的な交感も得られない、単なる緑地帯であることが多い。

註（2）
ヨーロッパ人の精神においては、主体／客体といった距離の発生が介入しない、あるいは一時的にではあっても消滅する状態を意味する。

((Catherine Grout

カトリーヌ・グルー

インディペンデント・キュレーター。エコール・デュ・ルーブルで美術史を学び、博士号を取得。
1994年より、イル・ド・フランスのオンガン＝レ＝バンのビエンナーレのコミッショナーを努める。
慶応義塾大学（2002年）、東京芸術大学（2003年）などで教える。
著書：『都市空間の芸術―パブリックアートの現在』（藤原えりみ訳、鹿島出版会、1997年）、
『再発見される風景―ランドスケープが都市を開く』（共著、TN Probe、1998年）、
『美術館は生まれ変わる―21世紀の現代美術館』（共著、鹿島出版会、2000年）ほか。

Garden and Landscape: a Way of Conceiving Urban Existence

Sometimes, the sight of a tree can stop us in our tracks. We are stirred by the strength of its roots and trunk, the reach of its branches, the hue of its leaves and the plenitude of its shade. But does this happen with rows of trees that are planted amidst pavement? Might there be several different ways of planting a tree, of conceiving an urban infrastructure? Can urban planners develop a city with the same degree of sensitivity as gardeners design a garden?(1)

In Europe, the word landscape has three main definitions. As a representation (painting, drawing, photograph or video), a landscape is an image defined in relation to a frame. As a reality, it is the world that we cultivate, lay out, build or destroy. And, finally, as a sensory emotion it is an openness to the world.(2) The notion of landscape thus touches simultaneously on our reality, the images that we create and the nature of our being.

Since 1960, and more markedly since the 1990s, urban development has begun to integrate thinking about landscape, and this has meant that landscape designers have been more judiciously involved in the conception of urban projects. This is of some significance, since landscapers approach the issues and complexity of a territory with a sense of the reciprocity between their own actions and the site, and because this relationship evolves over time. They

Notes(1)
I distinguish the garden from the urban park or green space which, most of the time, do not inspire the same level of emotion associated with landscape and do not allow for the essential exchange with nature.

Notes(2)
This means that, for the Western mind, the distance between subject and object is not operative or has temporarily disappeared.

註（3）
nuevos paisajes, new landscaps,
ed. Macba (Musee d'art
contemporain de Barcelona) et
Actar, 1997 et Rediscovering the
landscape, a crucial urban
actuality (TN Probe, Tokyo, 1998)

きた。これは本質に関わる問題を含んでいる。なぜなら、ランドスケープデザイナーは、一定の時間の流れの中で展開していく、彼自身の行為と場との相互関係を考慮に入れながら、特定の場の問題点や複雑性にアプローチしていくからだ。こうしてランドスケープデザイナーは都市計画家を補佐していく。それどころか、時には都市計画家に代わって仕事する場合もある。一方、建築家や都市計画家は、風景との関係に基づいて彼らの仕事を刷新していきたいと考えている。それは、設計過程や使われる素材、そして人々の行動の仕方（知覚経験は場の評価にどのように作用するのか、またはしないのか）について、彼らの関心が高まってきているからだ（3）。こうした考察は、深刻な都市危機から生まれてきた。この危機は、知覚の様態と都市空間を構成するもの（私有地、半私有地、公有地）の様態の再考察を迫り、コンテクストからの逸脱を図る近代性の限界を明らかに示したのである。現代の巨大都市は、「ゲニウス・ロキ」とともに発展してきているのだろうか？ そこに住み、そこを通過していく人々の心のうちに、風景に対する感情を生まれさせているだろうか？

庭園は風景と都市の間に位置するものだ。良く知られているように、庭園は見た目だけでなく生活環境の上でも都市環境の質を改善し、不動産的価値を付加する。けれども、それだけではない。私たちは、自然と自然に内在する生命に直接触れる必要があることを感じ始めている。植物の様々な色彩や手触り、形態が与えてくれる掛けがえのない豊かな外観は、形の定まらない素材では決して起こり得ない共鳴を私たちのうちに呼び起こす。

Catherine Grout

Ph D in art history and Aesthetic, art critic,
independant director for artistic outdoor projects (France, Japan, Taiwan)
curator of the Enghien-les-Bains biennale, (see www.insitu-enghien.org),
artistic director of the art project for the Jardin
des deux rives (Garden of the two river banks) in Strasbourg (2002-2004)
Author of "Le Tramway de Strasbourg "(editions du Regard, 1995),"
Ecouter le Paysage"(1999), "Pour une realite publique de l'art "(L'Harmattan, 2000),
"L'art en milieu urbain-actualite de l'art questions urbains"(1997/2002),"
"Paysages, ouverture et devastation" (editions La Lettre Volee, Bruxelles, 2004) etc

Notes(3)
Cf. Nuevos Paisajes, New
Landscapes, (Macba-Barcelona
Museum of Contemporary Art and
Actar, 1997) and Catherine Grout
(ed.), Re-discovering the
landscape, a crucial urban
actuality (TN Probe, Tokyo, 1998).

are thus able to support urbanists, and even to replace them altogether in some instances. At the same time, architects and planners are seeking to renew their practice through the relation to landscape. This implies attentiveness to process, to the materials used and to the behaviour of other people (the positive or negative impact of their sense experience on their appreciation of a place).(3)
These developments were prompted by a deep urban crisis which has made it necessary to reconsider the way private, semi-private and public urban spaces are conceived and created, and have revealed the limits of a de-contextualised modernism. Can a mega-city develop in keeping with a genius loci? Can it inspire the emotion of landscape in those who inhabit or pass through it?

Between the landscape and the city is the garden. As we know, gardens improve the quality of life in cities both visually and climatically and also enhance property value, but that is not all. We feel an inner need for contact with nature. The extraordinary colours, textures and forms of plant life have a resonance that amorphous materials lack.
Since the 1980s, a number of artists have been interested in working with the garden and

1980年代以降、都市空間に介入する手段としての庭園や風景に関心を示すアーティストたちが現れてきた。彼らの多くは、都市空間にはすでにありあまる程のオブジェやサイン類が存在していると考えている。そのため彼らが熱意を注ぐのは、彫刻作品を創って設置するのではなく、都会の人々が周囲のものを今までとは違う見方や感じ方で受け止められるような知覚体験の場を、ある特定の時空間として創造することである。彼らの作品は、その土地の過去とその土地固有の植物（場の記憶）に関わる提案というかたちを採ることが多い。彼らの仕事は、種子の移動やビオトープの刷新と消滅に注意を向けさせ、生命の流動性と脆さ（敵対的な環境における生存の困難さ）を感じ取るようにと私たちを誘う。彼らの多くは、庭園それ自体を創ることを目的としていない。むしろ、庭園とは都市の内部に必要不可欠な場であり、なによりも都市のリズムを減速させる効果があると考えている。植物や石などの構成素材、周囲の音や色彩などあらゆる側面に配慮されて構成された庭園は生きた環境であり、そして象徴的な空間でもある。庭は、現実の風景あるいは風景の原型を呈示する一方で、私たち自身の振る舞い方にも影響を及ぼすからだ。私たちの身体は地面に置かれた石や道、見通しが開ける造りなどによって「誘導」され、私たちの精神も世界そのものと向き合う。そこでは、周囲のものに対して、私たちは他のどこにいるよりも開かれた状態にあることに気づくだろう。呼吸の仕方も違うだろう[4]、さらに、私たちは同じ庭にいる他者とつながり合い、相互に共通の時間を形成していく。公共空間とはすべての人に開かれている空間であるとするならば、そこでは、お互いに知り合いではなくても挨拶を交わすといった、街路では起こり得ないような

註（4）
空気汚染の問題は庭園の周辺では奇跡的に消滅している。ここで言う「呼吸」とは、そうした物理的な意味ではなく、心理的な意味合いを含めている。

landscape as a mode of intervention in urban space. Rather than making sculptures any believe that urban spaces already contain enough objects and signs these artists create space-time entities in which city dwellers can have a sensuous experience leading them to a different way of interacting with their surroundings.

The resulting works may involve a relation to the history of the land or to its indigenous plants (the site's memory), closer attention to the migration of seeds, the renewal or extinction of biotopes, an invitation to sense the flux of life or, sometimes, the difficulty of survival in an urban environment. Most of these works do not consider the garden as an end in itself, but rather as a necessary urban area that helps, among other things, to slow down its rhythms. Conceived with all due care for plants, materials and stones, of course, and for sounds and colours, a garden is a living environment and also a symbolic space. On one hand, it represents a real landscape or an archetype, and on the other it is a place where we are invited to behave in a different way. Our body is led (by paths, by stones indicating where to step, by visual openings, etc.), and our mind is made receptive to the world. It is a place where we feel more open to what is around us. We breathe differently.[4] Moreover, our presence in the garden is added to that of others in a shared experience. In a public garden,

Notes(4)
Which is not to say that gardens are miraculously spared the surrounding pollution.

他者との出会いが可能になる。庭園は他者の存在を受け入れることのできる共有の場なのだ。そこでは他者の存在は無意味でも、避けるべきものでもない。このように庭園には、都会性や私たちの共生のあり方に関わる特別な意味が備わっているのである。庭園の重要性は、そこで生まれる交感の質に深くかかわっていることがわかるだろう。生起しているのは、私たちと世界と他者との間の交感なのだ。

どの時代もそれぞれに適合する庭園を生み出してきた。私たちが求めるべきは、閉ざされた庭の新しい現実的なモデルではなく[5]、風景や私たち自身を侵害しないような都市構想と、それを実現していく方法なのかもしれない。特定の庭園のタイプを作り上げることが重要なのではなく、すでに何人かの建築家が試みているように、未来のテクノロジー都市の練り上げられたパラダイムとしての庭園（そして風景）を構想することが重要なのである。刺激に満ちたこのモデルを作り上げていくのは、裁量権をもつ個人と公衆、建築家、ランドスケープデザイナー、エンジニア、アーティストによる積極的かつ創意溢れる共同作業をおいて他にない。このような努力がなされない限り、やがて私たちの周囲に残されるのは、味わいもなく[6]、未来への展望もない貧相なイメージだけになるだろう。

（翻訳：藤原えりみ・原文はフランス語）

註（5）
庭園とはもともと周囲を囲われた「閉ざされた空間」であった。今日改めて、「閉じられている」状態を庭園の条件として再考してみることも妥当ではないかと思う。

註（6）
gout＝風味／審美的センスという、言葉の二つの意味で。

people can meet each other in a way that does not happen very frequently on city sidewalks, and they can greet each other without necessarily being acquainted. Gardens are places where we share ourselves, where we recognize the presence of other people, who here are no longer either insignificant or to be avoided. Thus, gardens have a particular meaning in relation to the urban, to the way we live together in a densely populated area. The importance of gardens lies in the quality of the exchanges that take place there, the exchange between ourselves, the world and other people.

Each time period conceives of its own kind of garden. Perhaps what we should look for as our model today is not a kind of closed garden,[5] but a way of constructing a city that does not impair itself or its inhabitants. The point is not to develop a new kind of garden but, as some architects see it, to conceive of the garden — and landscape — as the paradigm for the elaboration of the technological city of tomorrow. For this stimulating model to exist we need the active and inventive collaboration of private and public decision-makers, architects, landscape gardeners, engineers and artists. If this collaboration does not happen, we may soon find ourselves surrounded by indigent, tasteless[6] structures devoid of a future.

Notes(5)
Gardens were originally enclosed. I think that today it would be judicious to reconsider closure as the sine qua non of the garden.

Notes(6)
In both senses of the term.

83

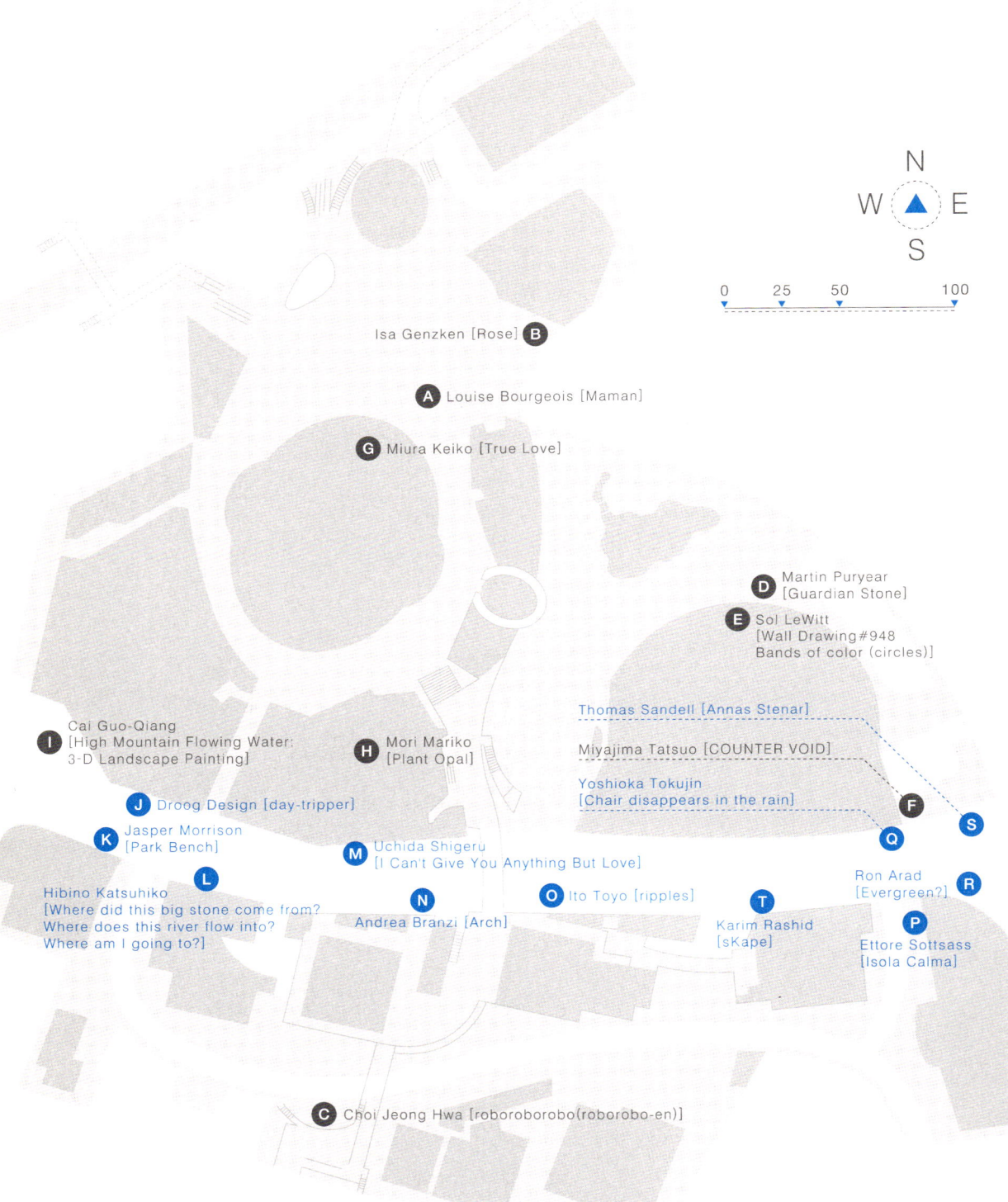

N
W E
S

0   25   50   100

Isa Genzken [Rose] **B**

A Louise Bourgeois [Maman]

G Miura Keiko [True Love]

D Martin Puryear
[Guardian Stone]

E Sol LeWitt
[Wall Drawing#948
Bands of color (circles)]

I Cai Guo-Qiang
[High Mountain Flowing Water:
3-D Landscape Painting]

H Mori Mariko
[Plant Opal]

Thomas Sandell [Annas Stenar]

Miyajima Tatsuo [COUNTER VOID]

Yoshioka Tokujin
[Chair disappears in the rain]

F

S

J Droog Design [day-tripper]

K Jasper Morrison
[Park Bench]

L

M Uchida Shigeru
[I Can't Give You Anything But Love]

N

Andrea Branzi [Arch]

O Ito Toyo [ripples]

Q

T Karim Rashid
[sKape]

Ron Arad
[Evergreen?] **R**

P
Ettore Sottsass
[Isola Calma]

Hibino Katsuhiko
[Where did this big stone come from?
Where does this river flow into?
Where am I going to?]

C Choi Jeong Hwa [roboroborobo(roborobo-en)]

((Street Furniture

第2章 ストリートファニチャー

六本木ヒルズを東西に縦断する六本木ヒルズけやき坂通りは、全長400mにもおよぶ。両側には、ブランドショップ、レストラン、ホテルなどが立ち並び、六本木ヒルズで最も華やかな通りだろう。日本を代表するインテリアデザイナー・内田繁と10人のデザイナー、アーティストのコラボレーションから生み出された11個のベンチにより、ここに世界初の大規模なストリートスケープ・プロジェクトが展開されている。

11個のベンチはシンプルで機能的な、いかにも"ベンチらしいベンチ"から、カラフルな彫刻作品のようなものまで、それぞれ実に個性的である。国も年齢も異なる11人のデザイナーとアーティストによって、まさに11通りの回答が出されているのだ。そしてこの11個のベンチが集まって、「通り」という一つの風景を形づくっている。

日常に人々がとる様々なポーズの研究にもと
づいた波の形に、ヨーロッパの伝統的なイスや
テーブルといった家具が統合され、一体となって
いる。全体はFRPで作られているが、そこに木材
てできた本物の家具が埋め込まれている。

Based on studies of peoples' every-
day poses. Droog Design assem-
bled traditional European tables
and chairs into a single form, cov-
ering the original wooden furniture
in fiber-reinforced plastic (FRP).

86

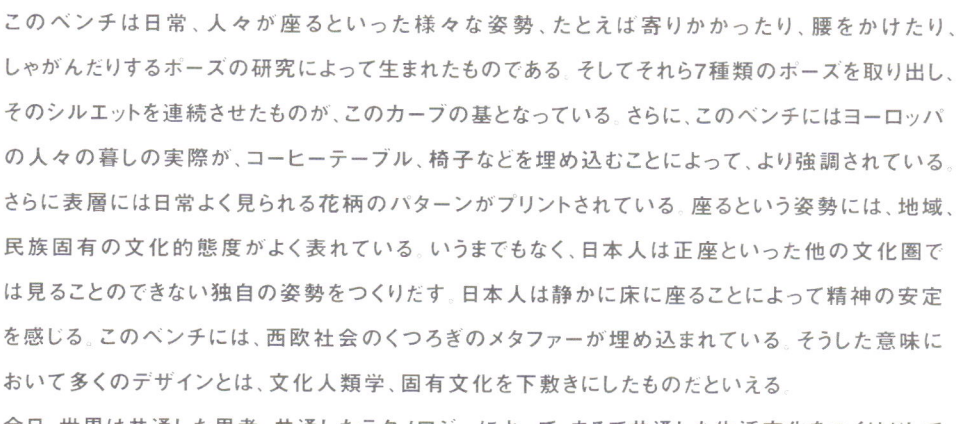

このベンチは日常、人々が座るといった様々な姿勢、たとえば寄りかかったり、腰をかけたり、しゃがんだりするポーズの研究によって生まれたものである。そしてそれら7種類のポーズを取り出し、そのシルエットを連続させたものが、このカーブの基となっている。さらに、このベンチにはヨーロッパの人々の暮しの実際が、コーヒーテーブル、椅子などを埋め込むことによって、より強調されている。さらに表層には日常よく見られる花柄のパターンがプリントされている。座るという姿勢には、地域、民族固有の文化的態度がよく表れている。いうまでもなく、日本人は正座といった他の文化圏では見ることのできない独自の姿勢をつくりだす。日本人は静かに床に座ることによって精神の安定を感じる。このベンチには、西欧社会のくつろぎのメタファーが埋め込まれている。そうした意味において多くのデザインとは、文化人類学、固有文化を下敷きにしたものだといえる。

今日、世界は共通した思考、共通したテクノロジーによって、まるで共通した生活文化をつくりだしているように錯覚するのだが、地域、民族にはそれぞれの固有文化があり、そこにはそれぞれの真実がある。デザインとは、そうした民族固有のコスモロジーを実現したものなのである。《デイ・トリッパー》はオランダの長い歴史の中でつちかわれた文化経験から生まれたものである。(U.S.)

((∙ Droog Design／
Jurgen Bey with Christian Oppewal
and Silvin v.d. Velden
day-tripper

ドゥルーグ・デザイン ［デイ・トリッパー］

ドゥルーグ・デザインはアムステルダムに拠点をおく、実験的プロジェクトを創案、
開発する国際的な頭脳集団で、1993年ハイス・バッカーとレニー・ラマカースによって設立された。
その活動はプロダクトにととまらず、グラフィック、ファッション、建築と広範囲に及び、
ローゼンタール、マンダリン・ダック、バング・アンド・オルフセン、ニューヨーク・タイムズ、
リーバイ・ストラウス社などより依頼を受ける。作品は世界の主要美術館にコレクションされているか、
93-99年の全作品がユトレヒト中央美術館に収蔵されている。

カーブのくほみや、イスやテーブル、人に
よって座る場所は様々だ。あなたなら、どこ
に座る？

Curves and indentations, tables
and chairs — each seem to offer
any number of possibilities for
seating... Where would you sit?

オランダの伝統的な花柄に、ポップなピンク
色を組み合わせた。ドゥルーグデザインの
若手デザイナー、ヨルゲン・ベイ曰く、東京
の若者に人気の色だからとか。伝統的な
感覚と、現代的な感覚が組み合わされている。

A traditional Dutch floral pattern
screen-printed in pop pink — a
trendy color among Japanese
youth, according to Droog De-
sign's Jurgen Bey. It provides a
witty and contemporary take on
traditional sensibilities.

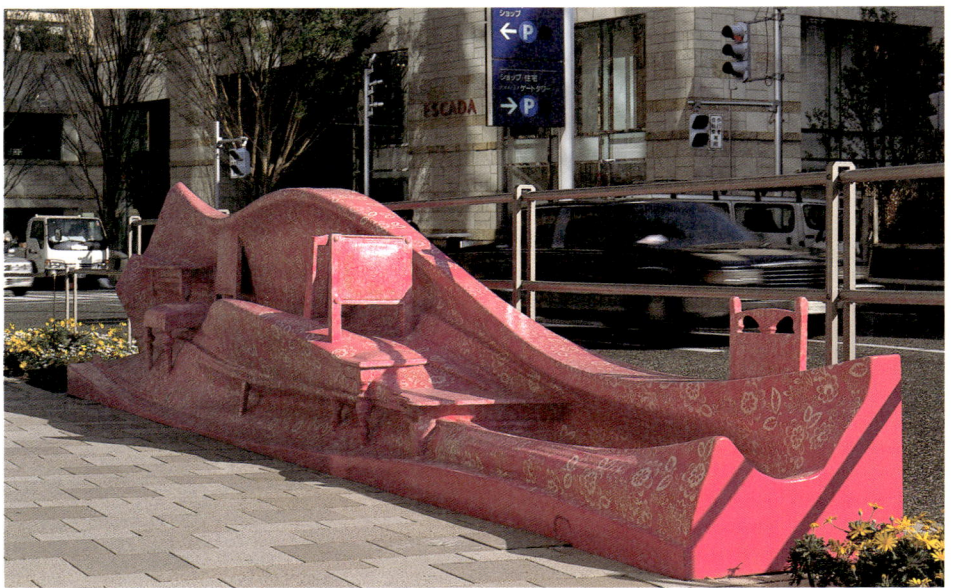

右図は、日常で人々がとるポーズを観察した写真。左下は、最初のコンセプトイメージ。コンピュータグラフィックスを用いて作られた抽象的で未来的な流線形のベンチに、私たちが経験的に良く知るイスの形が埋め込まれている。最初は白一色の予定だったが、色や柄が加わり、より作品の構造が複雑で幅のあるものとなった。

Everyday poses as photographed (right) yielded an initial concept image (below, left). Embedded in the futuristic streamlined abstraction of this computer-aided design (CAD) is a chair shape familiar to all. Originally planned In solid white, the addition of color and pattern brought greater complexity.

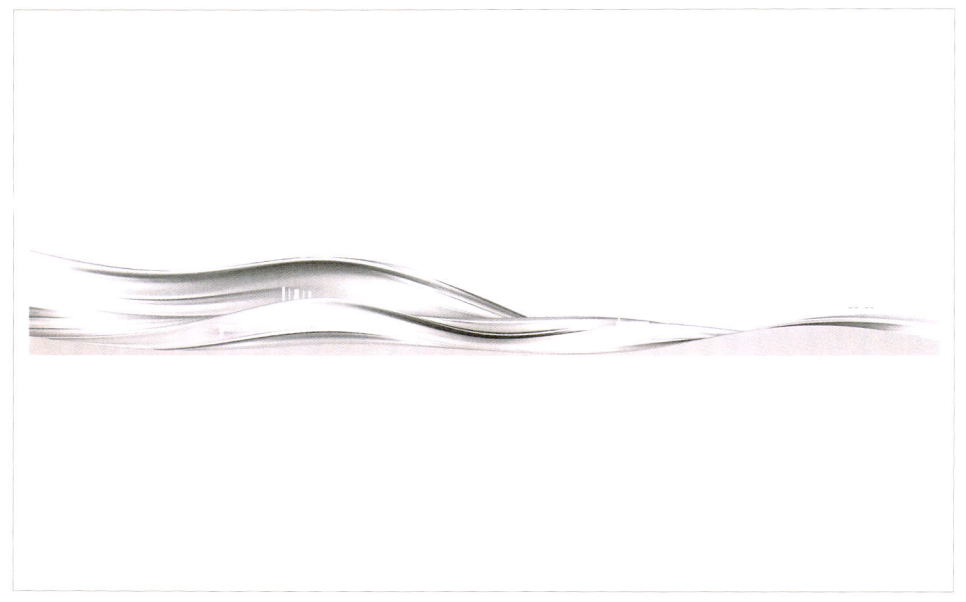

ドゥルーグ・デザインは、多くのフリーランスデザイナーの集団です。作品制作に関しては、コミッションでデザインを発注する形をとっていて、今回のストリートベンチに関しては、コンペティションを行い、ヨルゲン・ベイというアーティストを選びました。彼は以前にもストリートベンチを制作したことがあって、繊細な気質のデザイナーです。

今回は、街に出かけていって、座っていたり、寄りかかっていたり、しゃがんでいたり、休んでいたりといった、さまざまな人間のポーズの写真を撮り、それをコンピュータに入れて、一つの流線型の形をつくり上げました。日常のポーズ、人間のとるポーズをどういうふうに表現すればいいのかということで、今回のような流線型のものが出てきたのです。また、典型的なオランダの椅子、テーブルなどもその中に入れ込んでいます。

この花のパターンというのは、オランダの伝統的といいますか、典型的な柄で、ある意味でちょっと古風な感じです。それに対して、このピンクという色は、今回のデザイナーであるヨルゲン・ベイが、東京という街はポップで、若者たちはピンクを好んでいるんだと強調し、古いものと新しいものを融合させるということで、ピンクに白い花柄をつけることを決定しました。

実際にオランダの工場で制作したものを日本に空輸しているのですが、向こうの工場で僕が見たときには、何てショッキングなピンクなんだろうと驚かされたのですが、それが日本に来て、グランドハイアット東京の外に置かれたところを実際に見てみると、結構しっくりくるものなんだなと実感しました。というのも、さまざまな色があふれているこの街の中で、このピンクのベンチはそれほどショッキングな感じではない、ある意味、きちんとそこになじんでいる作品になったと思っています。

実際に公共空間に設置するストリートベンチをデザインするときに注意したことは、素材や、デザインもありますが、目的、ロケーション、そして人々がどう使うかということです。そうしたことが大切なのではないかと思っています（談）。

とことんシンプルなベンチらしいベンチ。誰が見ても、「座る」ということが明確にわかる。同時に、肘掛のやわらかいカーブや、背もたれのすっきりとした直線など、単純さの中にさり気ない美しさがある。デザインというものについての考え方が、表わされていると言えよう。

An über Bench. Anyone can see it's for 'sitting', plain and simple. Yet at the same time, the unassuming beauty in the curve of the armrests and the clean, straight lines of the backrest make it a perfect embodiment of well-thought-out design.

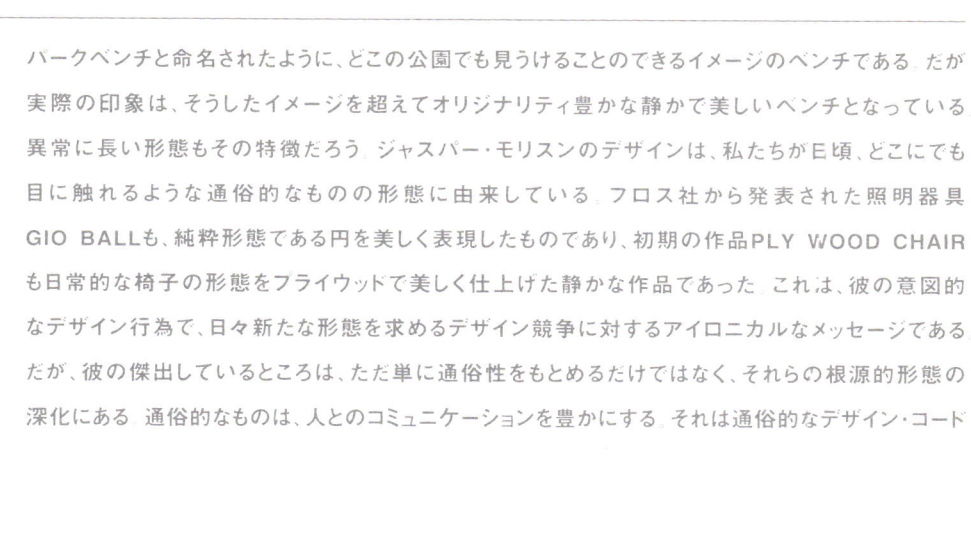

パークベンチと命名されたように、どこの公園でも見うけることのできるイメージのベンチである．だが実際の印象は、そうしたイメージを超えてオリジナリティ豊かな静かで美しいベンチとなっている．異常に長い形態もその特徴たろう．ジャスパー・モリスンのデザインは、私たちがE頃、どこにでも目に触れるような通俗的なものの形態に由来している．フロス社から発表された照明器具GIO BALLも、純粋形態てある円を美しく表現したものであり、初期の作品PLY WOOD CHAIRも日常的な椅子の形態をフライウッドで美しく仕上げた静かな作品であった．これは、彼の意図的なデザイン行為で、日々新たな形態を求めるデザイン競争に対するアイロニカルなメッセージてある．だが、彼の傑出しているところは、ただ単に通俗性をもとめるだけではなく、それらの根源的形態の深化にある．通俗的なものは、人とのコミュニケーションを豊かにする．それは通俗的なデザイン・コード

((· Jasper Morrison
Park Bench

ジャスパー・モリスン ［パーク・ベンチ］

1959年ロンドン生まれ。キングストン工科大学卒業後、
ロイヤル・カレッジ・オブ・アーツにて修士課程修了。
87年ロイター・ニュース・センターのデザインでトクメンタ8に参加。
その後、ヴィトラ社、カッペリーニ社なとのために家具および生活用品をデザイン。
95年ハノーバー交通局の都市型バス停を開発。
またヨーロッパ最大の開発プロジェクト、ハノーバー電鉄の車両をデザインし、
97年にハノーバー・インダストリアル・フェアにて発表、
交通デザイン賞および環境テザイン賞を授与。現在ロンドンとパリに事務所を構える。

が共通認識を生みだし、人々に親しみを与えるからである．椅子という単語には、人々の長い歴史の中から獲得した多くの共通イメージがある．こうしたものの根源性をさくり、今日新たな翻訳を加えたものか、ジャスパー・モリスンのデザインである．たが、その結果生まれたものは、この《パーク・ベンチ》も同様で、静寂で清潔感のあふれるものとなる．ここて一歩踏み込んて考えたならば、共通認識としてのデザインは、人々の常識を超えた美しいものにならないかぎり、人々の愛着の対象とはならない．そうした点を考えたならば、ジャスパー・モリスンの仕事は日常的思考と非日常性との境界のギリギリに位置しているものてある．（U.S.）

一見シンプルなのだが、実はこんなに
長いベンチは見たことがない。20人ぐらい
までなら、譲り合わなくても一緒に座れる
だろう。デザイナーのちょっとしたユーモア
を感じさせる。

Simple-looking, but have you
ever seen a bench this long?
Seating twenty persons with
more room to spare, designer
Jasper Morrison's wry humor
shines through.

94

精緻な計算にもとづいたデザイン画。当初は、真っ白な大理石を背もたれと座面の横板に使用する予定だったが、桧に変わった。形を強調するよりも、時とともに馴染んだ色合いへと変化する木材を用いることによって、周囲とより調和することを目指したからだ。

Design drawings based on precise calculations. Initially, the plan had slabs of pure white marble for the seat and backrest, however the change to cypress planks was made because of this material's ability to blend in harmoniously with its surroundings as the wood tones mellow over time.

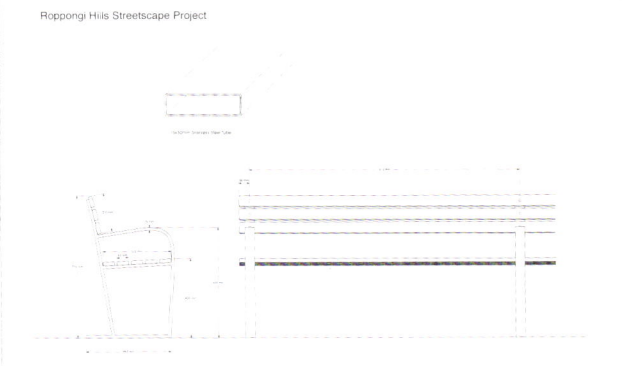

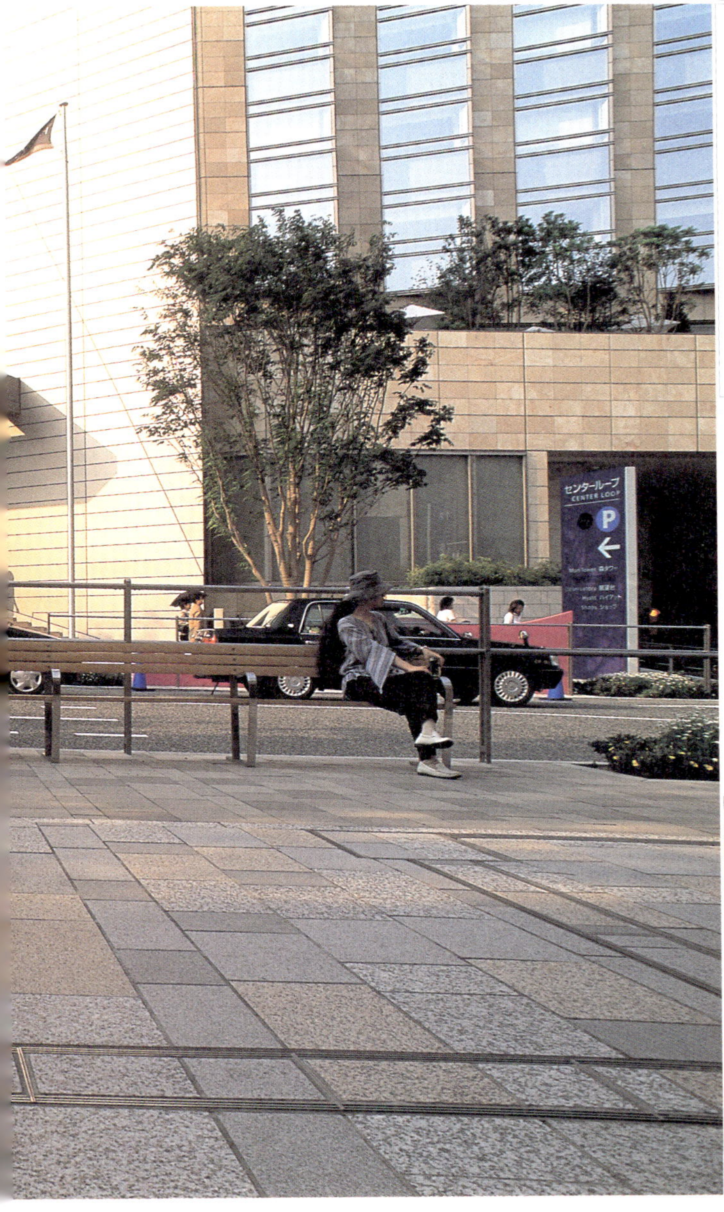

Roppongi Hills Streetscape Project

Roppongi Hills Streetscape Project

センターループ
CENTER LOOP
P

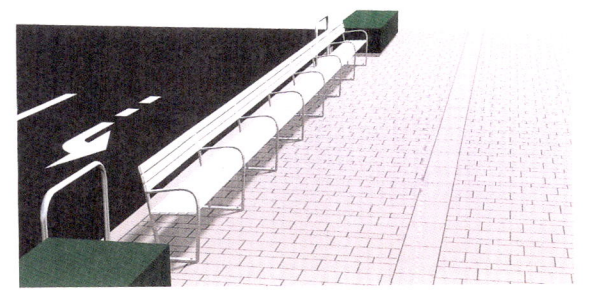

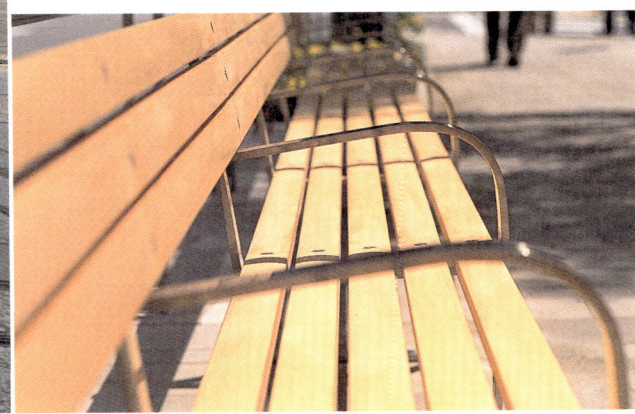

((Hibino Katsuhiko

Where did this big stone come from?
Where does this river flow into?
Where am I going to?

日比野克彦
［この大きな石は何処から転がってきたのだろう？
この川の水はどこまで流れていくのだろう？
僕はこれから何処へいくのだろう？］

1958年岐阜市生まれ。東京芸術大学大学院修了。
82年に第3回日本グラフィック展大賞、83年に第30回ADC賞最高賞、
95年ベニスビエンナーレ参加、99年度毎日デザイン賞グランプリを受賞。
絵画、舞台美術、映像、パブリックアートなど、多岐にわたり活動。
近年は一般参加者とその地域の特性を生かしたワークショップを各地で数多く行っている。
最近の活動としては、2002FIFAワールドカップTM
ホストシティ・ポスター（国内開催都市全10種類）を制作。

《この大きな石は何処から転がってきたのだろう？ この川の水はどこまで流れていくのだろう？ 僕は
これから何処へいくのだろう？》この魅力的なメッセージを持つベンチは、日比野克彦の普段の
仕事を連想させる。彼のテーマとする問題はきわめて示唆的である。彼がしばしば行うワークショップは、
それぞれに重要な問題をはらんでいる。たとえば数年前に行った「橋」をテーマにしたワークショップは、
橋のもつ人類学的な記憶をよびおこすものだった。橋とは何かと何かをつなぐものである。川に
架けられた橋は村と村をつないできた。そしてつながれたときから、多くの物語をつくりだしてきた。
そこには対立もあれば、境界を超えた愛もあった。異なるもの未知なるものをつなぐことは、それ自体
デザインである。地域、民族、老人と子供、女性と男性。橋のもつメタファーはさらに見えないもの
もつないできた。聖と俗、彼岸と此岸、過去と未来など、つなぐことは新たな関係の出発点である。
石がどこから転がってきて、どこに漂着するのかは、私たちの日常のいとなみを超えて存在している。
もしデザインが人の精神に多く示唆を与えるとしたならば、それは人間の記憶、自然の記憶、宇宙
の原初にある記憶をよみがえらせることなのだろう。日比野の作品は、そのタイトルの持つ意味を
見逃すわけにはいかない。（U.S.）

日比野の故郷にある長良川をイメージして
デザインしたという。長い年月のなかで、川の水流
は岸辺の形を作り出し、流れ寄せられる石は水
の勢いでだんだんと丸みを帯びてくる。水の
流れや川原の石を想起させるゆるやかな曲線は、
真新しい街の中で、時の流れとノスタルジーを
感じさせてくれる存在だ。

Hibino Katsuhiko says he based
this work upon a memory of the
Nagara River in his hometown, in
which a stream carves a meander-
ing watercourse over the ages,
gradually polishing the stones. In
this newly-created town, in curves
reminiscent of flowing waters and
pebbled shore lines, this nostalgic
work evokes a sense of the pas-
sage of time.

98

川原でピクニックをする時、すわり心地の
よい石を探して座る。それと同じように、
ベンチのどの場所でも、腰の落ち着きの
よい場所をみつけて好きに座ってほしいと
いうのが、デザイナーからのメッセージだ。

Just as when picnicking by a
river, one looks for a pleasing
rock upon which to sit, the de-
signer hopes that this bench
will provide people with a com-
fortable place to sit and rest.

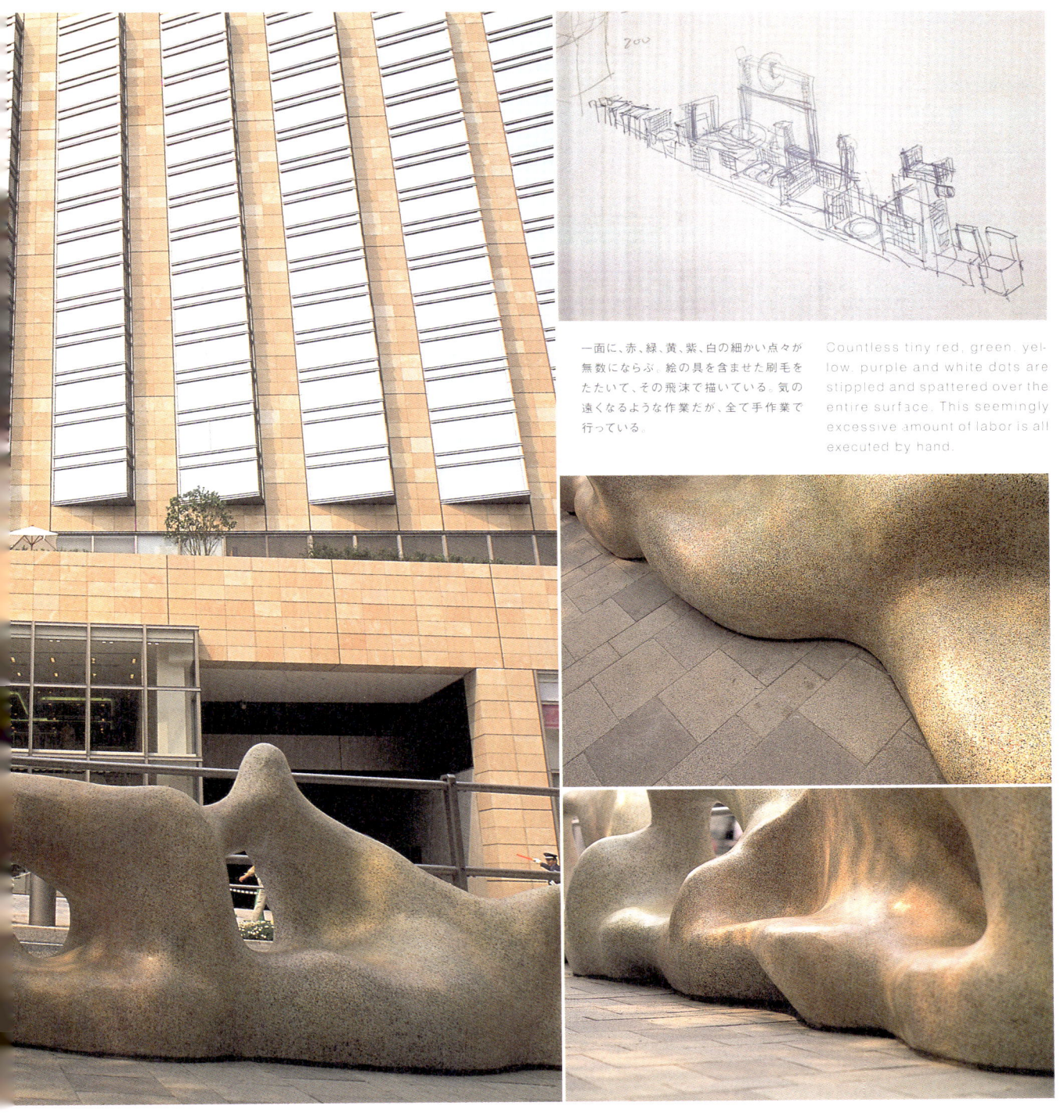

一面に、赤、緑、黄、紫、白の細かい点々が
無数にならぶ。絵の具を含ませた刷毛を
たたいて、その飛沫で描いている。気の
遠くなるような作業だが、全て手作業で
行っている。

Countless tiny red, green, yel-
low, purple and white dots are
stippled and spattered over the
entire surface. This seemingly
excessive amount of labor is all
executed by hand.

((・ Uchida Shigeru

I Can't Give You
Anything But Love

内田繁 ［愛だけを…］

1943年横浜生まれ。66年桑沢デザイン研究所卒業。
毎日デザイン賞、第1回桑沢賞、芸術選奨文部大臣賞等受賞。
インテリアデザインにとどまらず、家具、工業デザインから地域開発まで幅広い活動を展開。
代表作に山本耀司のブティック、ホテル・イル・パラッツォ、神戸ファッション美術館、
茶室「受庵・想庵・行庵」、門司港ホテル他。作品はメトロポリタン美術館、
サンフランシスコ近代美術館等にコレクションとして多数収蔵されている。
主な著書に『プライバシーの境界線』（共著、住まいの図書館出版局）、
『日本のインテリア全4巻』（共著、六耀社）、『インテリアと日本人』（品文社）他多数。

この浮遊的な姿として表現された波状形態のベンチは、《I can't give you anything but love…》といったジャズの名曲のタイトルを借用している。その背後には我々の暮しから真の愛を奪ってしまった20世紀社会の規範、思考、感覚、価値観、そして文化的調和を乱してきたものに対するすべてに批判を込めたものである。20世紀に生まれた新種の文化はルイス・マンフォードが指摘するように、力、速度、標準化、大量生産、定量化、組織、制度、画一性、制御など強いものだけを信頼する文化であった。およそ私たち人間のいとなみとは大きくずれたこれらの思考は、結果、硬直化した社会を生みだし、都市といった巨大な塊をつくりだすことになった。だが、人はそれほど強くまた画一的なものでもない。自然の微細な波動、光、音、風などに反応し、自然の予期できない出来事に一喜一憂するのである。こうしたフラジャイルな感覚を受けとめるデザインとは何だろうか。私たちデザイナーが創らなくてはならないものは、もっと柔らかく、軽やかな、そして微細な感覚に対応するようなものなのではないだろうか。

この波状形態のベンチは、重力からの解放を示したものである。リボンがひらめくような、あるいは天女の羽衣のように実際の重さから逃れることはできないとしても、その形態が人々に無重力のイメージを与えている。（U.S.）

まるで空飛ぶ絨毯か、ふわっと落ちたリボンの
ように見える。スチールという硬い素材を用い
ながらも、重量感や重力の力といったものを感じ
させない軽やかさがある。人間は、あらゆるものを
削ぎ落としたとき、何が残るだろうか。デザイナー
のメッセージが、タイトルにこめられている。

A flying carpet or a floating ribbon,
weightlessly rendered in hard
steel. The title poses the design-
er's query: what would remain after
trimming away all excess?

101

このベンチをどう使って、どう親しんでもらいたいですか？

むしろどうやって使うのか見たいね。あれは寝っ転がれるようになっているし、チョンと座れるようにもなっている。隅っこはバウンドするようになっているから、あれをどうやって使うのかなと、僕の方が楽しみだね。

作品に好んで使われている素材は？

素材っていうのは面白いんですよ。僕は70年代初頭からデザインしてきましたが、そのときと今とはインスパイアされてきたものが大分変わってきた気がします。初期の頃は金属的なものが多かったんですが、今は色彩が美しくでる素材が多くなってきています。先ほど言った浮揚感とか透明感とか、そういう軽やかなものを表現できる素材なら今は何でも好きです。

この新しい街を今どういう風に感じていますか？

人が住んで、仕事をして、遊んで、学んで、様々なことがこの場所では出来ますね。都市というのはもともとそういうところだったんですね。一つの場所で全てのことができた。仕事もしたし、勉強もしたし、遊びもした。でも人口も1000万人を超えると都市は細分化するしかなくなってくる。用途地域として、ここは人が住むところ、ここはオフィスゾーン、商業ゾーンと。東京というのは、そうしてスプロール化、拡大していったんです。暮らしは分けてするものではない。むしろ仕事も、遊びも学ぶことも、同時に起きているんです。そういう意味で20世紀の都市は大きな課題をもったと思うんです。六本木ヒルズでは、このことに気が付いたというのが重要なんですね。じゃあ1000万人すべてこの周辺に住めるかというと、住めるわけがない。でも都市って何なんだということを気付かせる街だと思う。そういう意味で居住空間がこれだけあるということは、僕は非常に重要なことだと思います。

((Andrea Branzi
Arch

アンドレア・ブランジ ［アーチ］

1938年生まれ。フィレンツェで建築学を修めた後、
64年から74年までアルキズーム・アソチャーティのメンバー。
74年ミラノに移り、カステッリ、ソットサス、メンディーニらと共に活動し、
75年ローマのレオナルト・ダ・ヴィンチ空港のイメージプロジェクトを手掛けた。
79年にはカステッリ、モロッツィと共にデザインリサーチに、
また89年には彼自身の理論及びデザインの功績で、さらに95年ドムスアカデミーにおける
仕事に対しコンパッソドーロ賞授与。83-87年、MODO 誌編集長を務めた。
83年にドムスアカデミーの創立に携わり、初代学長を務めた。

この美しい形態のベンチは、ここ数年のブランジの研究「都市における住居の可能性」から生まれた
思考をベンチとして形態化したものである。可変性、自在性、境界性、関係性、曖昧さ、微細性など、
今日社会が失ったすべての理念を包括的にとらえたものだった。そう考えるとこのベンチには、
住居性といったメタファーが隠されている。その証拠に座の一部に配置された照明、さらに天井から
吊るされた照明には、ある種の住居性が示されている。ブランジは、このベンチを歩道と車道との間、
デザインと建築との境界をイメージしたと述べているが、実際プライベートと公共性との境界にも
位置するものである。これら異なったものを関係づけるものがこのベンチだとしたならば、境界性と
はそれ自体が固有の意味を持つと同時に、すべての異なったものの意味を内包するものである。
都会といった様々な要素が混在する中で、ベンチそれ自体が多様な存在を要求される。
それにしても、白く仕上げられた天井を持つこの小さな小屋は、その単純で美しい形態が都会の
プライベートスペースとして際立っている。街の喧噪を無意識的に遮断するこのベンチは、包み
込まれるような印象を人に与える。そして歩道と車道との中間に位置したモニュメント性は、六本木
ヒルズの文化的シンボルともいえる。それは、この街が人々の複雑な思考、異なった要求のすべて
を内包する街を目指した、その視覚的な象徴にもなりえたからである。（U.S.）

歩道からベンチだけ見ると、窓から室内を覗き込んだようなイメージ。だが人が座ると、道路の側か室内てあるかのような印象を覚える。ベンチの四角いフレームは、内と外との境界線の存在を僅かに示しつつ、フレームを通して外と内は複雑に交錯している

作品コンセプトは？

私はこのベンチを、あたかも小さな住宅の断面であるかのように制作しました。つまり、実際に、1組のカップル、二人の人間が、テーブルを挟んで座れるようになっています。この作品を通じて、私は、大都市である東京、六本木という街と個人の住居のサイズを対比させようと考えたのです。というのも、都市とは、結局、個々の人々の行動や習性の集合体であり、有機的な存在といえるからです。

作品の素材は？

今回のインスタレーションは、ごくシンプルに、そして、雨にさらされても耐久性があり丈夫であることを念頭におきました。そこで、人工の石、セメントが、素材として最もふさわしいと考えました。

街の中にあるということで注意したことは？

通り抜けられる輪をイメージして、開放的な作品をめざしました。そこで、小さなスペースであっても視野を遮る壁にならず、向こう側を見通せたり、横切ったり、座ったりできる、いわば、街のなかで一息つける場所として考えたのです。六本木は、道端に座りに来るような場所ではないかもしれませんが、友人とここで出会って、立ち止まって話をすることはあるかもしれません。

プロジェクト参加の動機は？

コーディネーターの内田繁先生とは親しい友人という事もありますし、他にも磯崎新先生、伊東豊雄先生といった、たくさんの友人がおります。ですから、日本で仕事をする機会をもつということは、こうした特別な繋がりをもった人々と接触をもてるわけで、私にとって、大変魅力的なことなのです。

六本木ヒルズについての印象は？

都市の大規模開発という今回の新しい試みは、店舗、オフィス、住空間を内包したハイブリッドな建造物であるという点で、大変興味深いものです。また、六本木ヒルズは、「都市は空に向かって拡張していく」という、20世紀の典型的な考え方によって開発されていますが、こうした形態が大都市の将来のあるべき姿かどうか、私には確信はありません。しかし、一つはっきり言えることは、このプロジェクトでは、建物の質を高めるための大変な熱意が見られる一方で、路上に設置されるような小さな物にまでもよく気を配っているということです。というのも、都市空間の質は、建築物だけによるものではなく、花やベンチ、商店といった小さな構造物にも関わってくるからで、そこにあるすべてのものが、現代都市をイメージづけるものとして大切に扱われるべきだと思います。（翻訳／構成：柳沢ひとみ・原文はイタリア語）

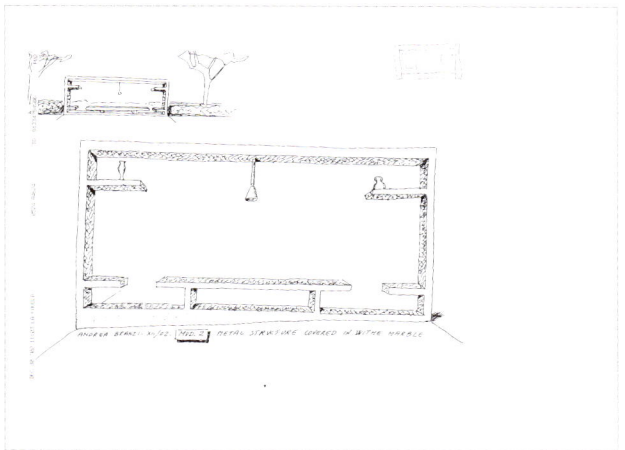

ANDREA BRANZI - 16/02   MED-8   METAL STRUCTURE COVERED IN WITH MIRROR

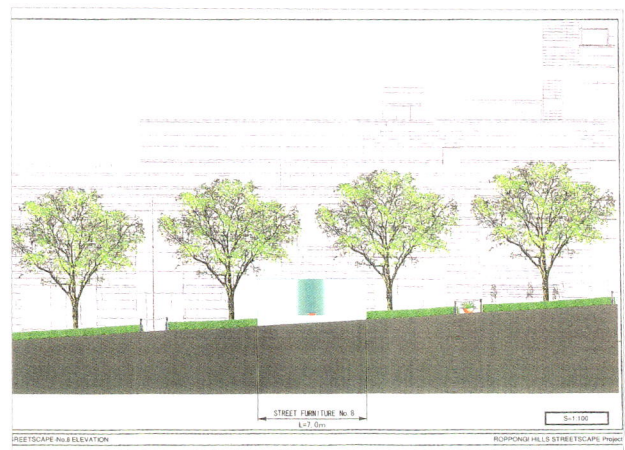

STREET FURNITURE No.8
L=7.0m

S=1:100

STREETSCAPE No.8 ELEVATION   ROPPONGI HILLS STREETSCAPE Project

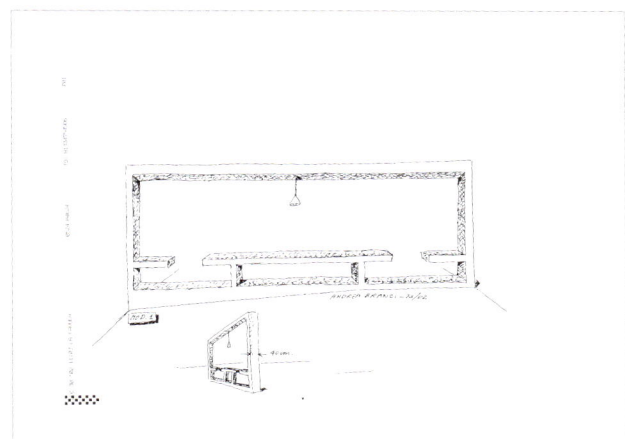

ANDREA BRANZI - 16/02

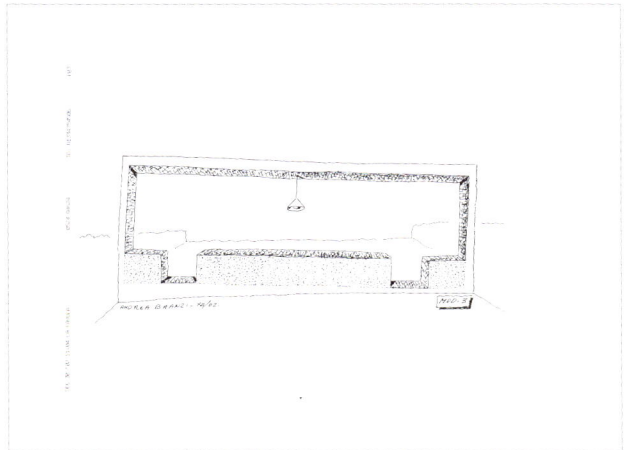

ANDREA BRANZI - 16/02

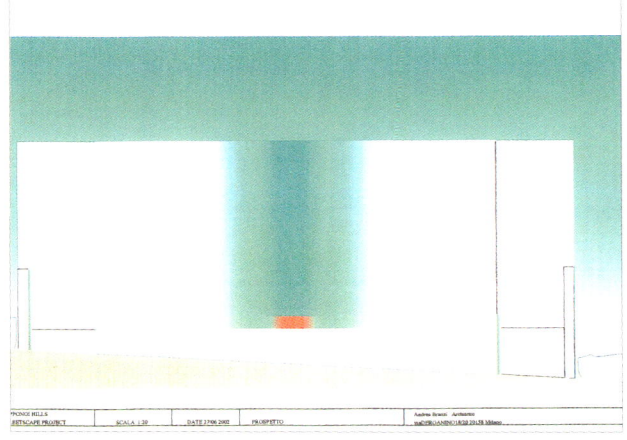

PONGI HILLS
REETSCAPE PROJECT   SCALA 1:20   DATE 27/06 2002   PROSPETTO   Andrea Branzi Architetto

素材には、クラッドメタルという特殊な金属が
用いられている。異なる金属を爆着と呼ばれる
方法で、一体化させたものだ。それを、表面から
深さを変えながら削ることにより、やわらかい
波紋を描いている。側面には、美しい金属の
層が見える。

This bench is made out of a pyro-
technic fusion of different metals,
cut through to varying depths like
gentle ripples. The edges reveal
the intrinsic beauty of the layered
metals.

110

((• Ito Toyo
ripples

伊東豊雄 ［波紋］

1941年生まれ。65年東京大学工学部建築学科卒業。
66-69年菊竹清訓建築設計事務所に勤務。71年アーバンロボット（URBOT）設立。
79年伊東豊雄建築設計事務所に改称。日本建築学会作品賞、毎日芸術賞、
ブルガリア・ソフィア・トリエンナーレ・グランプリ、芸術選奨文部大臣賞、日本芸術院賞、
国際建築アカデミー（IAA）アカデミシアン賞、アメリカ芸術文化アカデミー アーノルド W.ブルーナー賞、
グッドデザイン大賞、ヴェネツィア・ビエンナーレ「金獅子賞」など受賞。
代表作に中野本町の家、シルバーハット、八代市立博物館、長岡リリックホール、大館樹海ドーム、
せんだいメディアテーク、ブルージュ2002パビリオン、サーペンタイン・ギャラリー・パビリオン2002などがある。
主な著書に『風の変様体』（青土社）、『透層する建築』（青土社）など。

「変化」といった概念は、私たちをとりまく固定的で構築的な文化に対する対立概念である。今日、多くの構築物やものは、固定化され融通のきかないものとして私たちの生活空間をつくっている。そうしたなかで、デザイナーは常に何かをつくりだすような運命にある。そしてその結果、多くのものは硬質的で自在性の少ないものになる。ものとは、常に重力の中に存在する。そうした重力とものとの関係は、ものをつくりだす人の宿命的関係のようなものだが、多くの優れたデザイナーは、自然が常に変化するように、非固定化、非構築的なものの実現を目指している。

伊東豊雄の通常見られる仕事は、そうした固定化、構築化との戦いである。仙台メディアテークの平面計画など、固定的になりやすい空間分割を自由に開閉することによって、空間の変化をつくりたしている。

変化には「実際的変化」「関係としての変化」「イメージとしての変化」がある。この美しい平面的なベンチはイメージとしての変化である。水滴が波紋となって拡大されていくイメージは、ものは常に変化しているのだといった自然の記憶を人々によびおこす。そして、その有機的な姿は、多種類の金属の重なり合いと、その断面といったきわめて人工的な素材の構成によってつくられている。この硬質的な素材と変化といった自由な概念との対比が充分に表現された作品である。（U.S.）

今回のプロジェクトでは、坂の傾斜に対し、滑り
落ちないように座れるベンチをつくるということ
が課題であった。デザイナーによって解決法は
様々だ。伊東が採ったのは、坂に対して、あくまで
も水平性を保つことによって、傾斜角度を強調
するというものであった。

The challenge of these benches
situated along a slope was to pro-
vide seating that keeps one from
sliding off. Each designer's solu-
tion differed: Ito's was to maintain
a strict horizontality of the bench's
surface in relation to the slope,
thereby emphasizing the angle.

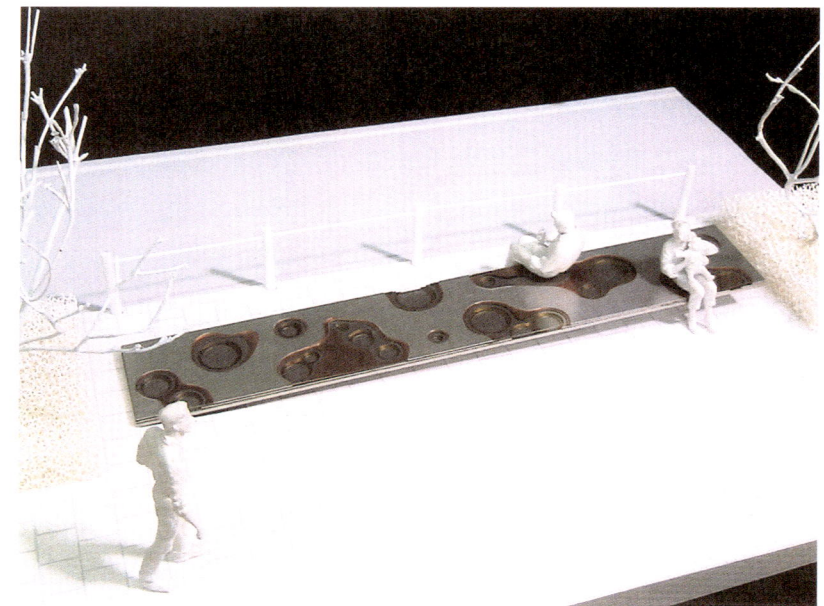

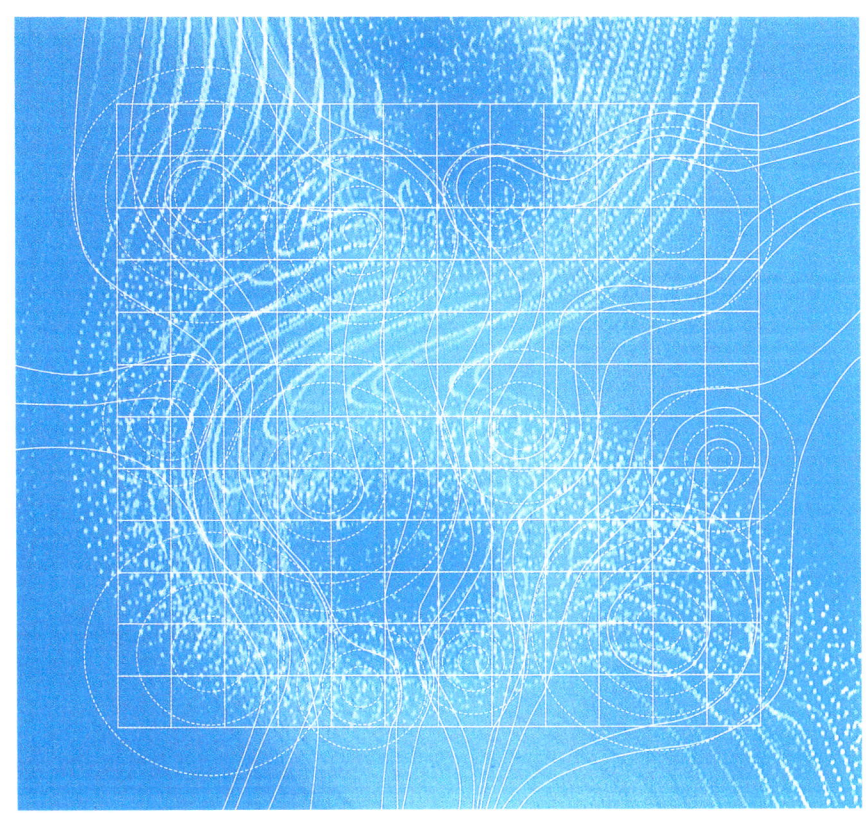

波紋のコンセプトイメージ。浮かんでは消える波紋は、互いに関係しながら、空間を拡張していく。伊東の建築作品においても、追求されているテーマである。

The bench comes out of this concept image of ripples rising and dissipating, expanding the space as they interlace. Ito Toyo also pursues the same kind of concept in his architecture.

今回のベンチは、まず第一に、何かあまり造形的な作品でなくて、できるだけあたりまえのベンチ、ベンチらしいベンチを作りたいと思いました。敷地を見せていただいて、勾配がついた坂道なので、それに対して水平面を意識させるようなものを置いてみると、傾斜の勾配がよくわかる、そういうことが、面白いのではということから考えました。そして、外側ですから、どういう素材でどれだけ耐久性があるかも考えたんですね。最終的に、金属の板を張りあわせて、叩こうが、何をされようが、こわれないものにしようということで。出来上がったものは、何枚かの金属を、クラッドメタルという工法で張り合わせて、真空状態で金属と金属を分子的に接着するという、つまり接着剤で接着するよりも、金属と金属が完璧に一つのものになってしまうような、非常に強い接着によって、一つの金属化している。それをもう一回削り出して波紋のような年輪のような状態を作る。つまり、昔、漆で色んな色を積層させておいて、削るとパターンがでてくるのと同じような方法を使っているんですね。今回はアルミと、ステンレスと、真鍮と、銅、という、色も固さも違う4種類の金属を張り合わせて、波紋のような形状を表面に描き出しました。

このベンチの金属でつくられたパターンを上から見ていただくと、たくさんの波紋が広がっていくように見えると思うんですが、波紋というのが今僕の建築にとっての一番大きなテーマなんです。ここに一つ水面にぽたりと水滴が落ちるとそこから一つ波紋が広がっていく。その近くにまた一つ水滴が落ちるとまたそこからふわっと波紋が広がっていく。それから3つ4つと広がっていくとお互いにじわじわっと波紋が広がって相互の関係ができていく。水滴を柱に置き換えると、僕のイメージする建築になってくるんですね。一本の柱をたてることによってその周りに空間が広がっていく。別の柱によってまた別の空間が広がっていく。その間にできる場のようなものが僕が一番つくりたい建築です。これは壁をたてて、バシッと一つの部屋を区切ってしまうんじゃなくて、どこまでも波紋と波紋の間に連続して続いていく、柔らかな空間をいつもつくりたいと思っています。例えば《仙台メディアテーク》という、最近できた建築では何本かのチューブの間にどこまでも連続していく空間がつくられているんですが、このチューブがひとつずつ水滴のようなものだとお考えいただければ同じようなことがいえるわけです。そんなイメージからこのベンチをデザインしました（談）。

テラゾーと呼ばれる人工石のタイルで作られた
青の壁面に囲まれて、白の大理石のベンチが
置かれている。地中海の青い海の色と、白の
砂浜を想起させるようである。ベンチの背は
わずかに曲線を描き、単純化された空間の中
に優美な官能性を含ませている。

A white marble bench within a blue
terrazzo enclosure seems sugges-
tive of white sand beaches and the
blue Mediterranean. The bench
back traces a slight curve adding
an elegant sensuality to the simpli-
fied space.

((・ Ettore Sottsass
Isola Calma

エットーレ・ソットサス［静寂の島］

1917年オーストリア、インスブルック生まれ。
39年にトリノ工科大学を卒業し、47年にミラノにスタジオを開く。
57年からオリベッティ社で仕事をし、数々の展示会や個展でも活躍する。
80年に、3人の建築家チビック、トゥン、ザニーニと共にソットサス・アソシエイツを設立。
デザイン界の大きな現象として注目されたメンフィス・グループの創設者（81年）。
イギリスの王立芸術学院（RCA）から名誉学位を得るなど、数々の栄誉を授与。

街の雑踏は、ときとして街そのものの呼吸であり、心臓の鼓動にも似ている。そしてそれらの重なり
あった雑踏は、街の息づかいとして私たちに生命を与える。朝の市場の澄んだような人々のかけ声、
街が活況をむかえる昼の乾いた雑踏、1日の終わりを告げる夕暮れの騒めき、そして夜の静けさ。
そうしたさまざまな音のハーモニーは、私たちの日常を豊かに彩る。多くの都会のベンチは、そうした
雑踏と共に都会の鼓動の一部として街をつくりだしている。
だが、ここでつくられたエットーレ・ソットサスのベンチは「静寂の島」と名付けられた。この静かに
囲われたベンチを前にして私たちが気づくことは、時にベンチとはアジールなのだといったことである。
多くのベンチが都会の鼓動の一部として存在しているのに対し、「静寂の島」は都会から切り
取られた「島」無主、無縁のアジールである。アジールとは共同体社会がつくりだした聖なる地で
ある。そこはたとえ権力者といえども誰もおかすことができない平和的領域、自由の保障された場
である。地域社会から見たならば、本来、街はそれ自体がアジールであった。だが今日の複雑な
都会においては、その中にさらにアジールを必要とするのだろう。この美しく囲われたベンチは、
都会の雑踏から離れてちょっとした思索にふける人のために、あるいはゆっくり新聞を読む人の
ために、さらには恋人たちの濃密な時間のために用意された平和的領域である。（**U.S.**）

六本木けやき坂通りから、一本小道に入った
ところに設置されている。《静寂の島》と
いうタイトルの通り、都市の喧騒から一時
逃れて、静かに落ち着く空間となっている。

Set back on a side street off
Roppongi's Keyakizaka Dori,
true to its title, Isola Calma
(Quiet Island) offers a still
space of repose and a momen-
tary escape from the hustle and
bustle of the city.

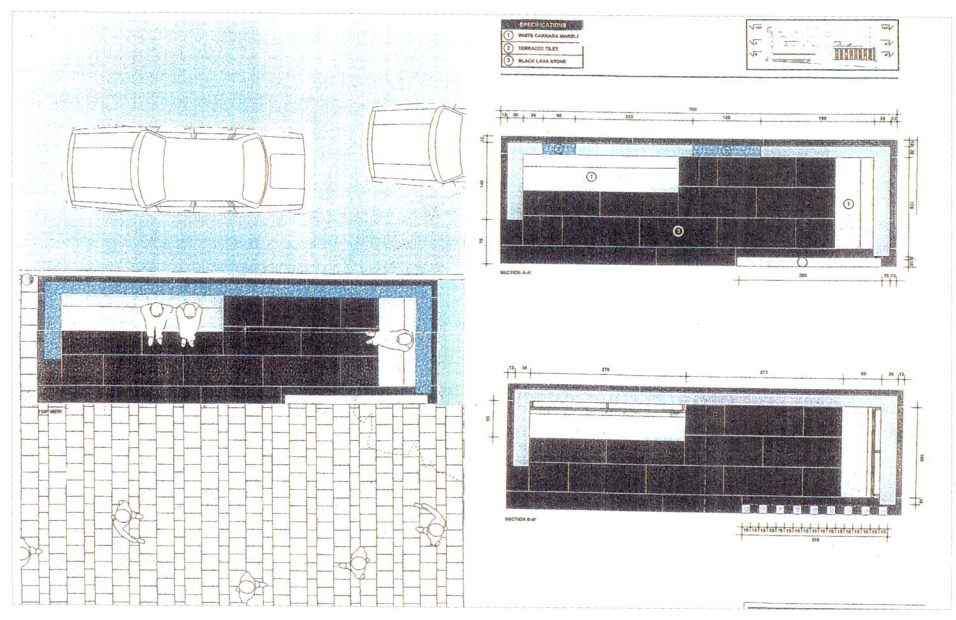

天体望遠鏡に用いられる特殊な光学ガラスを用いている。透明度の高いガラスは、澄んだ水のように、周囲の景色をゆらゆらとうつし出している。そこでは、あらゆる物質の境界が消し去られ、単なる素粒子の集まりであるかのように、世界そのものの存在のみが立ち現れてくる。

By utilizing optical glass commonly used for astronomical telescopes, this armchair boasts an unparalleled transparency. Seen through the glass, the surrounding scenery feels as if it was reflected on clear water — on which, any substance seems free from all boundaries.

((• Yoshioka Tokujin

Chair disappears
in the rain

吉岡徳仁 [「雨に消える椅子」]

1967年生まれ。86年桑沢デザイン研究所卒業後、倉俣史朗、
三宅一生のもとでデザインを学ぶ。2000年吉岡徳仁デザイン事務所設立。
A&W AWARD - THE COMING DESIGNER FOR THE FUTURE賞、
毎日デザイン賞ほか数多くの賞を受賞。代表作に、ISSEY MIYAKE Aoyama、
A-POC Aoyama、THINK ZONE、三宅一生展 ISSEY MIYAKE Making Things、
ToFU、Tokyo-popなど。Honey-popがヴィトラ・デザイン・ミュージアム、
ポンピドゥ・センター、MoMAのパーマネントコレクションとなる。

《「雨に消える椅子」》とはタイトルが示す通り、きわめてロマンティックなイメージである。吉岡徳仁
の内面にある思考がこのようなタイトルを生んだと思うが、物質は消えてもある種の存在が残るとし
たならば、それはものを創る人の究極の希望である。それは視覚的消去なのか、認識としての消
去なのか、あるいは既成の概念に対する無化なのか。たとえば椅子といったものが椅子のもつ全
ての既成概念から無化され、そこにはただ存在としての物体がある、というような状況があるとし
たならば、無化することによってすべての存在が内包された状態をいうのだろう。
天体望遠鏡用の光学レンズに用いられるガラスを素材にした吉岡の椅子は、すでにその存在
自体を消し去るかのようにデザインされている。そこには、意図的な形態を排除し、透明感のある
デザインがある。椅子の脇に置かれた石ころのような椅子の座面を覗き込むと、まるで澄んだ海の
底へと吸い込まれるような錯覚にとらわれる。これは地の底に天体を見るような無限の感覚である。
こうした物質による雨に消える椅子とは、椅子の既成概念の無化である。（U.S.）

120

透き通ったガラスのイスは、陽の光をうけて
宝石のように輝いている。吉岡は、待ち
合わせの場所に使ってもらえるような、
わかりやすさ、親しみやすさと共に魅力を
備えたものにしたかったと言う。

The transparent and clear
chair sparkles like a jewel in
the sun. Yoshioka sought here
to provide a meeting point
which could be easily recog-
nized while, at the same time,
appearing appealingly familiar.

設置工事の風景。作品のタイトルに応えるかのように、その日はずっと雨だった。ベンチの前に立つのは、傘をさしながら作業の指示を行う吉岡。

作品提案の際に提出されたコンセプトイメージ。最初、素材そのものの物質感を残した氷の塊のようなイス（図一番下）を置く予定だった。そこから、イスという既製概念を明確にデザインに組み込みながらも、それをガラスの透明感によって無化していくというアイディアへと変換されていく（図下から二番目）。

The first ideas for the project: the plan was to have a form resembling a solid "ice block" for the seat (fig. bottom), but then a well-defined, pre-existing idea of "what and how a chair should be" was later incorporated into the design. As a result, the final design stressed the chair's non-physicality by utilising the transparency of the glass (fig. second from the bottom).

「雨と同化する」というコンセプトは？

((・ 透明なものはすごく多いんで、好きなんです。て、ただの透明感というだけではなくて、周りの空気を変えてしまうようなものにすごく興味があるんです。イサム・ノグチが100年後生きていたらどういうものをつくっただろう、というところからスタートしました。それで望遠鏡の反射板を使って、その素材でストリートファニチャーをつくろうと思ったんです。

今回の素材を選んだ理由は？

((・ 僕がよく透明な素材を使うのは、一番未来的な素材なのと色にそういうイメージがあるんですね。それから環境を崩さない、でもすごく楽しいオーラのようなものが出ているように思うんです。
毎回、実験的な要素は入れてるんですよね。今回はストリートファニチャーということで、朽ちていかないものであるといった機能面もあるんですけど、使う人たちが一言で表現できるようなイスにしたかったですね。「ガラスのイス」みたいに、待ち合わせのときにすぐイメージとして出るような感じでね。

公共の空間に作品を設置することで、特に留意されたことは？

((・ 人が楽しめるような場所にしたいですね。最近、デザインって、だんだん自然に近づいていると思うんですよ。テクノロジーもそうだし。だからほんとうに自然にとけ込むようなものでありたい。

街、都市においてデザインの果たす役割についてはどうお考えですか？

((・ 今まで、再開発が行われていた場所で一番欠けていたのは文化だったと思うんですが、今回の六本木ヒルズはそこが象徴的な部分だと思います。だからすごく楽しい場所になるんじゃないかなと思うんですけど。

もしご自分で新しい六本木ヒルズのような街をつくれるとしたら、どんな街をつくりたいですか？

((・ うーん、火星か何かにつくりたいですね。その地域が変わることで、重力がなくなるとか、そういういことであれば、全く違う発想で、全く違う街のかたちができる。そんなに夢みたいな話じゃないと思うんですね。

吉岡さんの東京という都市に持っているイメージは？

((・ 東京自体はほんとに未来に一番近い街だと思うんですよね。それでどこから現実なのか、どこから夢なのかというのが、あまりはっきり分かれてなくて、常に変化していく、すごくおもしろい街だと思います。

「これはベンチでもなく、プランターでもなく、パーゴラでもありません。もしかしたら、それはそれらの
すべてを内包していて、あるものから別のものに境目なく変化しながら、ほとんど無意識のうちに
無限大のサインを形作っているのかもしれません。実際、24の無限大のサインのようにも見えます。
24本の棒を集めて彫刻の足元に束ね、そこに人間が座ると地球が囲い込まれます。徐々に無限
のループは広がっていき、その透き間は地面から伸びるアイビーが絡みながら育っていく骨格を
形成します。」とロン・アラッドは述べる。

((Ron Arad
Evergreen?

ロン・アラッド［エバーグリーン？］

1951年テルアビブ生まれ。ロンドンのAAスクール建築学部を79年に卒業。
ロンドンの建築スタジオで働いた後、81年にデザイン・スタジオ、ワン・オフを設立。
その後、89年ロン・アラッド・アソシエイツ、94年にロン・アラッド・スタジオを設立。
アレッシ、アルテミデ、ドリアデ、モローゾ、カーテル社などをクライアントに持つ。
また、バーミンガムのメルセデス・ベンツ、テンマークのルイジアナ美術館などの建築も手掛ける。
ポンピドゥ・センター、モントリオール装飾美術館、メトロポリタン美術館、
ヴィクトリア＆アルバート美術館などに作品が収蔵されている。

このことは、きわめて示唆的である。多くの優れたものの背後には多くの意味がひそんでいる。
それは、ものが一元的な意味だけの上に成立しているのではなく、多様な意味を内包していること
の証である。多くの優れたものは境界的である。デザインが相反する絶対矛盾のなかで成立する
としたならば、境界的にならざるえない。ロン・アラッドは、常に相反する異なったものを結びつけて
きた。例えば鉄といった素材でつくられた椅子は、硬質な鉄をまるであめ玉のように自由に形つくり、
そこから得られる印象は、鉄を超えた新たな物質として生まれ変わる。また、そうした硬質なものを
自由に動かすことによって、固定化されたものに変化を与える。変化それ自体が自在なもので、
変化の瞬間、瞬間に様々な表情をつくりだす。この《エバーグリーン？》も、植物の成長といった
私たちには予測も予期もできない、人の手を離れた変化の上につくられている。（U.S.）

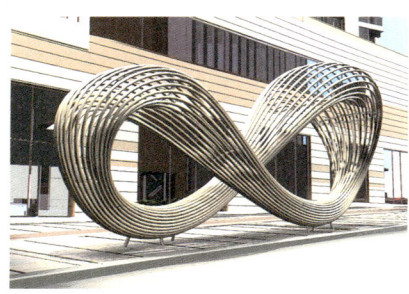

24本のブロンズパイプによって、無限大の記号のような形をしている。中からツタが生え出て、パイプに巻きついている。時とともにツタはどんどん生長し、やがてベンチ全体を飲み込むだろう。視線を絶え間なく循環させる無限のループは、世界を生成させるエネルギーの源を表わしているかのようだ。

An infinity symbol-like form made of twenty-four bronze tubes overgrown with ivy. As time passes, the plants will completely engulf the bench. The endlessly cycling loops suggest the regenerative energies of nature.

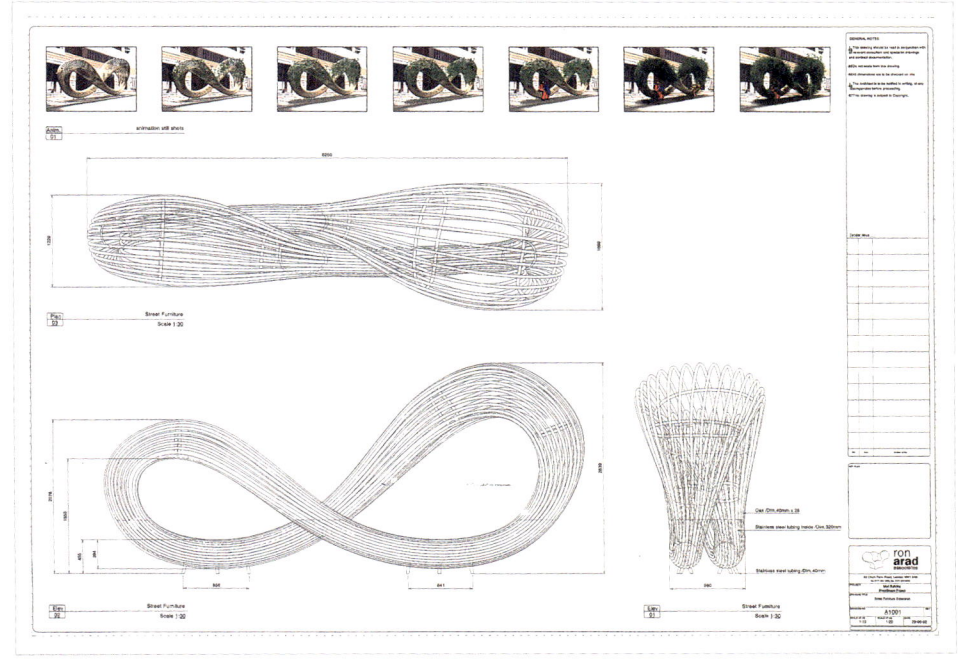

作品コンセプトは?

椅子と彫刻両方の役割を果たさせるのはチャレンジだった。そのために形を座席部分からパーゴラのように、無限の形にした。周囲を見渡したり、座ったり、アイビーの葉を見たりできるんだ。親しみやすいものを作るということを意図した。

作品の素材は?

作るものによっていろいろな素材を使っているよ。そのときに自分が気に入った素材というのもある。カーボンファイバーのような合成素材に興味が湧くこともあるね。論理的な法則も宗教もない。自由に使っているよ。

ベンチをどう使ったらいいの?

好きなように使って欲しい。疲れたら座って欲しいね。彼らを見て、疲れたから座っているんだ。まさに質問の答えを示してくれている。またがってもいいだろうし、好きな人同士はくっついて座ってもいい。僕からはどうして欲しいとか、欲しくないとかは言わない。どう使おうが安全な使い方でなかろうがあまり関知しないよ。

都市におけるアートの役割は?

質問をもっと大きく捉えると、人生にとってアートの役割とは何かということになって、それには僕の答えなど必要ないと思う。では街にとって何かという質問に戻れば、二つの種類のアートがあると思う。面白いものと面白くないものだ。そのどちらでもないアートなんてないんだ。面白ければ理由があるし、その理由も一つだけではないだろう。面白がり方というのは様々だからだ。アートは僕たちを喜はせる。アートはなくてはならないものではない。文化と言ってしまってもいいけれど、プラスアルファの部分がアートだ。何もかも手に入れた時点からアートは始まるんだ。

白と黒のミニマルで単純な表現は、その向こう
に見える槇文彦の建築や宮島達男の作品と
もよく合っている。同時に丸みを帯びた有機的な
形は、のびのびとした開放感とやわらかさを
生み出している。

These minimalist black-and-white
seats are in keeping with Maki Fumi-
hiko's architecture and Miyajima Tat-
suo's artwork visible beyond, although
they express a rather different, free,
and organic sensibility.

126

Thomas Sandell
Annas Stenar

トーマス・サンデル ［アンナの石］

1959年スウェーデン生まれ。スウェーデン建築家協会会長。
ストックホルム王立工科大学卒業後、ヤン・ヘリクソンのもとで修業する。
スウェーデン近代美術館、スウェーデン国議会などの公共空間をはじめ、
エリクソン社の世界展開、住宅などの建築から、イケア社、カッペリーニ社、
B&B社のための家具デザインを手掛ける。スウェーデン王室の家庭教師でもある。

トーマス・サンデルは、このベンチをつくるにあたってそのイメージの基となったものは、彼の経験的記憶であると語っている。それは、ストックホルム沖の群島へ旅行したときの思い出や様々な印象から生まれたものだ。この海洋をとびまわるようなイルカのイメージはその時のものだろう。けやき坂通りの入口に位置する広場のランドスケープを美しく彩っている。この軽やかな動きをともなったイメージは、固定的で構築的な都市にある種のやわらかさをつくりだす。それは、オーガニックな形と白と黒による単純な表現と配置によるものだ。ストックホルム沖の海に見立てた広場に配置されたイルカは、ここで自由自在に遊びまわっている。

人の心象風景は、デザイナー固有の内面的イメージである。そしてそうした内面のイメージは、それが美しく表現されたとき、人々の心に訴えかける。そこには、創り手と受け手とのイメージの共有認識が生まれるからに違いない。多くの自然の風景、感動をともなった状況、突然起きる予期せぬ出来事などは、デザイナーの最も大切なデザインソースとなる。そしてそれらの表現が魅力的であったなら、豊かなイメージをつくりだすと同時に、受け手となる人々にも共通した認識を与えるのである。そうした意味において成功した作品だといえる。（U.S.）

Inspiration

STREETSCAPE - Public seating for Roppongi Hills, Tokyo   sandellsandberg 18-06-2002   Sheet one

サンテルは、海面から勢いよく飛び上がる
シャチの姿にインスピレーションを受けて、
デザインを考えたと言う。六本木ヒルスでは、
アスファルトの波間を漂いながら、シャチたち
は都市という大海を自由に泳ぎまわっている。

Inspired by the shape of an
orca whale leaping up from the
waves, Thomas Sandell at-
tempts to set free school of
these animals in Roppongi
Hills. He e they float on the
currents of the great asphalt
ocean we call the City.

129

((· Karim Rashid
sKape

カリム・ラシッド　［ス・ケープ］

1960年エジプト生まれ。カナダの工業デザイン事務所で働いた後、ニューヨークにスタジオを開設。
テクノロジーやCGを文学的なアイデアに結びつけるスタイルが評価されている。
Umbra社のハウスグッズやボズ・アート社のチェスセットといった小さなものから、
わが国ではIDEE社から家具が発売されたり、《せんだいメディアテーク》のインテリアまで手掛けている。

20世紀の近代とよばれる世紀は、都市とテクノロジーによって新種の文化を生みだすことになった。結果それらは硬質的で固定的、規範的、画一的なおよそ自然の持つ大きな秩序、宇宙の秩序とは異なるものであった。人はどのような地域、どんな時代においても自然と共に生きている。近代のテクノロジーはそうした自然を科学技術によってつくりだそうと様々な試みを行うのだが、それらはすべて部分的、断片的な行為であり、自然の持つしなやかな秩序、関係とはほど遠いものであった。もしデザインが人の心とつながることによって、古代の記憶、自然の風景をよみがえらせることができるとしたならば、そこにデザインの価値を見いだすことができる。なぜなら一元的なテクノロジーの利便性によって、失われた精神をよみがえらせ、関係について考えるきっかけとなるからである。そこには未来に実現するであろう都市のイメージ、人と自然とテクノロジーの良質な関係を夢みることもできる。カリム・ラシッドの《ス・ケープ》は、そうした都市にある種の批判を加えたものである。やわらかく連続されたカーブの重なりは、そのオーガニックな形態とともに硬質的な都市東京に対抗したものである。カリムはこの作品に対し、「陸と海、密度と空間、量と無限との異なった対比がおりなす、人間によって造られた景観の中で、夜には人工的な自然の一片のように輝く色彩の漂う島だ」と述べている。（U.S.）

ラシッドのベンチは、さまざまなカーブの起伏が複雑に折り重なって構成されている。直線によって秩序正しく整理された都会の風景に対抗しつつも、硬質な空間に拡張と動感を与えている。

Karim Rashid's bench is a configuration of complex multiple curves. Not only do these form a solid spatial outcrop on the edge of the sidewalk but also a dynamic resistance to the linear order of the cityscape.

当初、模様を描く、あるいは2色で構成するという案もあった。最終的には、余計なものを一切省き、形のコンセプトを明確に見せるため、1色でペイントすることになった。パールを含んだ塗料は、光や見る角度によって色合いを変える効果をもっている。

Initially, patterns or two-colored compositions were considered, yet in the end it was painted a single shade to clearly emphasize its concept of form, free of all extraneous elements. Depending on the light and viewing angle, the pearl-toned paint creates a number of variegated color effects.

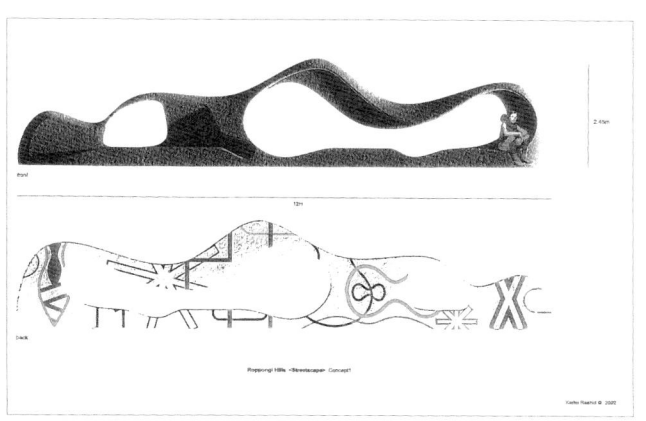

作品コンセプト

((・私がこの10年間携わってきた仕事に関係しているのですが、技術の問題と、テクノロジーが美学、そして実際の物質界にいかに浸透するかという問題を結びつけることなのです。だから技術を対話式の何かと捉えるのではなく、一種の言語として考えています。そして私が行ったプロジェクトは一種の爆発から展開したものなのです。爆発といっても自然界のものではなく、バーチャルな世界での爆発です。そこで数年前に「インフォステティックス（情報美学）」という用語を使ってみました。それは実に情報の美学なのです。私は技術に魅力を感じ、技術が好きなのですが、それだけではなく作品の中に技術をたくさん取り入れています。作品の中に常にある程度の新しい材料や制作様式を表現するように努力しています。それには今日的な意味があると考えています。それを私は独創的にテクノオーガニックスケープと呼んでいます。

作品の色彩

((・最初の考えでは黄色ではありませんでした。考えていたのは石の中に技術を使って燐の蛍光色を埋め込むことで、ウィンターストーンと呼ばれる新しい石材を使うのですが、きれいで軽い人工のコンクリートのようなものです。その中に燐の蛍光色を入れて夜、光るようにしたらきれいだと考えました。燐が醸し出す自然色で黄色がかったものです。最初はそうだったのですが、景色全体をピンクにしたかったのでピンク色に燐材を入れてみることにしました。

作品の素材

((・素材は二次的なものと言ってもいいかもしれません。今回の場合、彫刻的で無定形なベンチを作るために石を彫って作ったように見せました。ヘンリー・ムーアやイサム・ノグチのように実際に石を彫って作りたい気もしました。これは我々の死後まで残りますし、私たちが生み出す一種の都会の自然の風景となりますから。そこで予算の範囲内で入手できる石のような素材を見つけることが必要でした。即ち石材の集合体です。

ベンチを使う人々へ

((・自然の中を散策して石の上に座るような感覚のベンチです。しかし石は侵食され古くなるととても滑らかになります。海辺で拾った石を握るような有機的な魅力のある人間的なものを望んでいます。ですから座ったときに堅い素材であっても木製のような感触があればと思います。堅い素材を使っても気持ちのよさを出すのが目指すところです。他に挑戦しているのは、また別のレベルの話しですが、限られた狭くて長い空間ということ。初めは確か1m×13mだったと思います。それを9mに縮めて。そこで子供も遊べて人があおむけに寝ることもでき、本当に休息がとれるようにすることです。

制作プロセス

六本木ヒルズには、計画地の中央に約400mにわたるけやき坂通りがある。街路沿いには、新しいブティックを中心に、レストラン、カフェ、ブックショップなどが配置され、ホテル、シアター、コンサートなどのためのアリーナ広場、そしてテレビ局など通常の開発計画には見ることのできない都会の街路がつくりだされている。街路には欅（けやき）が植えられ、その街路沿いには季節ごとの花に彩られた植栽が施されている。私たち都市生活者にとっては初めて散歩のできる街ができたといった印象である。

そうした街路にベンチを、といったテーマのもとに計画されたのがストリートスケープ計画であった。六本木ヒルズの理念は［文化都心計画］である。街としての機能に新たな解釈を加え、住む、働く、学ぶ、憩う、遊ぶ…など、本来都市に集約されている要素を六本木ヒルズの理念のもとに集合したものが、この全体計画であった。ストリートスケープはそのような文化的理念を人間の身体レベルで可視化するのが目的であった。

ストリートスケープ計画

ストリートスケープ計画は、委員会が決定した11人の世界的デザイナーによって実行された。デザイナーには、場所によって異なるが、幅1.0m、長さ8.0mの敷地を条件に、デザインを依頼した。だが日本の法律・行政は厳しく、実際この条件は過酷なものだった。ときにデザイナーの創造とは相反するものとなったが、コーディネーター・制作者の努力によって実現したのがこのプロジェクトであった。

委員会は、デザイナーを選定するにあたって、いま世界的視点において優れたデザインを実践している人を基本と考え、まず「未来を見つめた新たな提案を行っているデザイナー」、「多くの地域、さまざまな年代」から人選を行った。それはベンチというテーマに向かってさまざまな解釈と解答を期待したからであった。その結果、ロン・アラッド、アンドレア・ブランジ、ドゥルーグ・デザイン、日比野克彦、伊東豊雄、ジャスパー・モリスン、カリム・ラシッド、トーマス・サンデル、エットーレ・ソットサス、内田繁、吉岡徳仁が選ばれた。

文化都心計画を実現するための委員会

では、こうした計画がどのように進行していったか経過を説明すると、まず六本木ヒルズの目指した計画理念は「文化都心計画」であった。森ビルは森社長を中心とした理念を実現するための委員会を設けていた。この委員会は、水野誠一を委員長とし、大宅映子、森稔、そして私といったメンバーで行われ、各テーマごとに、多くの知識人、文化人などを招き、意見を聞くといったものであった。その内容は、商業性、居住性、オフィスなどのアメニティの充実はもとより、サービス、コミュニケーション、ファシリティ、エンターテイメント、イベントあるいは

((· Uchida Shigeru

内田 繁

1943年横浜生まれ。66年桑沢デザイン研究所卒業。
毎日デザイン賞、第1回桑沢賞、芸術選奨文部大臣賞等受賞。
インテリアデザインにとどまらず、家具、工業デザインから地域開発まで幅広い活動を展開。
代表作に山本耀司のブティック、ホテル・イル・パラッツォ、神戸ファッション美術館、
茶室「受庵・想庵・行庵」、門司港ホテル他。作品はメトロポリタン美術館、
サンフランシスコ近代美術館等にコレクションとして多数収蔵されている。
主な著書に『プライバシーの境界線』（共著、住まいの図書館出版局）、
『日本のインテリア全4巻』（共著、六耀社）、『インテリアと日本人』（品文社）他多数。

教育、健康など多岐にわたるものであった。そうしたなかで私の役割はデザインをとりまく様々なもの、街の景観、ファシリティ、サイン、色彩などをカバーするものであった。

ストリートファニチャーの提案

1999年も終わりに近づいたそんなある日の会議の席上で、私が「ソフト部分は大分充実してきたものの、ランドスケープにはまだ足りないものがありますね。」と発言した。そこでは、この計画が「文化都心」を目指すものであったならば、街路のデザインを景観として見るだけではなく、この計画の理念を表すようなメッセージ性を表現することはできないだろうか、といった主旨のことを発言した。「では何をするのか?」と質問をされたので、「街路には、人の休む場としてのベンチが計画されているが、このベンチを世界を代表するデザイナーに依頼することができないか…」と提案したのがこのプロジェクトの出発であった。

私たちは、さっそく計画地の調査に入った。建設が大分進み始めていた時期であった。その中で隙間をぬうように、私有地の中でストリートファニチャーの設置可能な場所をいくつかピックアップしてみた。私の頭の中では、この時点で20人くらいのデザイナーの参加を考えていたので、委員会には約40人くらいのデザイナーを選定して会議の俎上に乗せることになった。私有地で20作品を置ける場の選定はかなり困難だったが、それでも何とか見つかりそうであった。

「ストリートスケープ」

この時点ではデザイナーの選定と設置箇所の選定とを同時に進行する時期であった。数回の会議を重ねたある日、森社長からまったく違った視点での提案がなされた。それは、ベンチを車道と歩道との中間に設置し、道路に沿うような配置はどうだろうかといったものであった。この提案は思いがけないものであったが、様々なファニチャーの連続性を考えてみたならば実に素晴らしい提案だったといえる。なぜならば、私有地の建物と建物、あるいはわずかな広場、広めの道路の一部などに点在させたならば、それは景観というよりもオブジェ性の強い彫刻作品のようなものになってしまう。だが街路に連続させる計画は、景観としての連続性を生みだし、ストリートの一部を形成することができる。この時期から私たちは、この計画を「ストリートスケープ」と名付けるようになった。まさに世界で初めてのファニチャーによるストリートスケープであり、ストリート・ギャラリーでもあった。だがこの卓越したアイディアが、その後の計画を苦しめることになった。

設置可能な場の選定

車道と歩道の中間は公共用地である。公共用地であるということは、多くの面で公共的な規制を受けることになる。それらは、行政固有の一般常識を超えるような様々な規制との戦いになる。まず行ったことは役所との話し合いのなかで、歩道の有効幅員を確保したうえでの設置可能な場の選定だった。そうすると、デザイナーに与えることができる敷地のプロポーションは極めて細長いものであることがわかってきた。さらに商業との関係があるため、どこでも良いというわけにはいかない。そうした条件を整理してみると何とか配置できそうな場所は11ヵ所のみであった。そしてその11ヵ所の敷地の幅員は広いところで3.0mぐらい、狭いところは何と0.7mであった。したがって狭いところは、0.7m×8.0mと細長いものであった。だが、この細い敷地が後に他に見ることのできないプロポーションとして面白い作品をつくりだすことになった。当初、40人のデザイナーをピックアップして、それを20人くらいに選定する計画はいっきに縮小せざるを得なくなった。こうなるとデザイナーの選定はにわかに困難なものとなる。

11人のデザイナー

このストリートスケープの文化的理念は「デザインの多様性」である。それは、ルイス・マンフォードも指摘するように、20世紀社会が科学技術を中心に力、速度、標準化、大量生産、定量化、組織化、制度、画一性、制御、規範など合理的で機能的な社会をつくりだしたものに対して、文化とは決して画一的なものではなく、ましてや、人とはその合理性だけを思考するものではない。人類はもっと多様的な価値観のなかで生きていることを考えるためのプロジェクトでもあった。そうした点を考えたならば、11人のデザイナーという数はいかにも少ないものであった。優れたデザイナーとは、固有の価値観を明確にした人々である。そこには、デザイナーの思考の背景となる、たとえば地域、民族の持つ固有の文化的特性が影響してのものであったり、デザイナー個人の固有な体験など様々であるのだが、そうした多様な思考、価値観を表すにはやはり11人は少なかった。そうしたなかで、私たちは地域、年代などをよく考え合わせながら、11人のデザイナーを選定することになった。

デザイナーには2001年の末頃から計画内容と主旨を文章と図面にまとめて連絡をとることになった。この計画が魅力的なものと感じたのか、あるいは参加メンバーの選定に魅力を感じたのか、すべてのデザイナーが積極的な参加の意向を示してきた。デザイナーには、詳しいことは翌年のミラノ・サローネで会ったときに説明するからと約束した。ちなみにミラノ・サローネは多くの優れたデザイナーが参加するインテリアデザインを中心とした国際的な展示会の場である。家具、照明器具、インテリア・アクセサリーなど様々なものの展示が行われ、関連企業約4000社が出展し、

ミラノ市内ではデザイナーの展覧会が200ヵ所で行われるもので、こうした計画の相談をするには最も適した場であった。

ミラノ・サローネ2002

2002年のミラノ・サローネは4月10日から行われることになった。伊東豊雄、日比野克彦を除いてストリートスケープの参加メンバーすべてのデザイナーが何らかの関係でサローネには関わっていた。私もミングージ美術館での展覧会、そしてパストゥ社の新作家具の発表が予定されていたので、早めにミラノ入りすることになった。多くの参加メンバーとは出発以前にミーティングの予定は入れてあった。そんな中でまずはエットーレ・ソットサスを訪ねることになった。ソットサスのオフィスは、私の展覧会の会場に近く、ブレラ界隈にある。さっそく訪ねてみると、いつもの笑顔で待ちかまえていてくれた。「ストリートスケープは車道の雑音を排除した静かなベンチにしたい。」といった提案をすでに持っていた。その結果、イメージそのものを表現することになったのだが、これが行政との折衝で困難なことになる。しかしその問題は、後にゆずるとして、まずはソットサスとのミーティングは順調に進んだ。またソットサスのパートナーであるマルコ・ザニーニが顔を出し、エットレもだいぶ年になったので東京へ行けないかも知れないが、その時はよろしく頼むといった主旨のことを伝えてきた。

次に訪問したのは、イタリア組でもう一人の参加者アンドレア・ブランジのオフィス兼自宅であった。まだ引っ越したばかりのアトリエでプランの説明に入った。ブランジとはここ十数年、何かとデザイン論をたたかわせてきた仲で、互いの共通認識を得ていたので、ブランジの奥様であるニコレッタのおいしい食事を頂きながらストリートスケープの構想に夢をえがくことになった。

ロン・アラッドとハイス・バッカー

ロン・アラッドとハイス・バッカーとはオープン寸前の忙しい中、ミーティングを行うこととなった。ロン・アラッドとはその前年、岐阜県の主催する「織部賞」の受賞者として来日していたので、日比野克彦の自宅で食事をしながらおおかたの事は伝えてあった。したがって敷地、予算の条件だけを簡単に説明することになった。ハイス・バッカーには、この作品参加は私自身なのか、ドゥルーグ・デザインなのかを質問されたので、ドゥルーグ・デザインでお願いしたいと述べ、説明を行った。その後、私たちは彼のプレゼンテーションを見ることにした。

ジャスパー・モリスンとトーマス・サンデル

ジャスパー・モリスン、トーマス・サンデルには私の展覧会場で会うことになった。ジャスパーはイギリスを代表する

デザイナーとして多くの期待を担うものであった。このプロジェクトでは彼が通常行っているデザイン、静寂で良質なもの
をイメージしていたが、結果はパーク・ベンチといった単純ながら深みのある作品を発表することになった。またトーマス・
サンデルは北欧からの唯一の参加である。あのスウェーディシュモダンの国のデザインを私たちは期待していた。

カリム・ラシッドと吉岡徳仁

カリム・ラシッドとは、この年の始めニューヨーク出張の際、すでに打合せは済ませていた。カリムはこの
プロジェクトでは若手になる。そうした年代のデザイナーが、今日、文化に対しどのようなメッセージを送るのかが
楽しみであった。またこの年は吉岡徳仁のミラノデビューの年でもあった。ダ・ドリアデで新作の椅子を発表すると
共に、ドリアデ・ショールームのインスタレーションも行っていた。日本人の作家としてはすでに東京で打合せを
済ませていたので、それ以上の打合せはやめてミラノを楽しむことにした。

7月から8月にかけて参加デザイナーとは、再び東京で会うことになった。それぞれのプレゼンテーションは、
さすがに世界を代表するにふさわしい創造力の豊かなものであった。そうしたなかで、アンドレア・ブランジと
ハイス・バッカーにはデザイナーを対象とした講演を森ビル主催、桑沢デザイン塾共催で行うことにした。

参加デザイナーの提案

参加デザイナーの提案は、予想通り魅力的なものであった。それは私たちが最も期待した「デザインの多様性」に
富んだものであった。だが、これらの創造性に富んだものを行政の敷地内に実現するのはかなり厄介なことは
プレゼンテーションの段階からすでに感じていた。実際、実施設計に入ってみると構造上の問題が生じた。この
問題は日本特有のものであり、地震国日本の構造は、他では感じることのできないものとして制作物のプロポーション
に影響を与える。また、高層ビル特有のビル風は、異常なまでの風圧が予測され、それらに対応するためには、
これまた制作物のディテール、プロポーションに影響を与えることになる。だが、こうした自然現象の問題に
関しては、デザイナーと話し合いながらデザインを変更すればよい。

最も困難だったことは、行政上の規準である。あまりにも過剰な安全面での規準は、デザインの少々の変更を
超えて新たなデザインを行わなければならないようなものであった。そうした過剰な安全対策には担当の行政官
の責任を取りたくない、といった感情があからさまに出るものであった。たとえばエットーレ・ソットサスの
《静寂の島》であったり、アンドレア・ブランジの最初のプレゼンテーションであったスリガラスに囲まれたベンチ
などは、車道と歩道との間に生まれる壁が視野を妨げるといった理由で却下された。

カリム・ラシッド、ドゥルーグ・デザイン、私のストリート・ファニチャーなどは子供がよじ登る危険があるといった理由で、すべてのボラードを三段に重ねるなど、およそ景観をそこなうものであった。私たちは、そうした困難な問題に対して、配置を変更した。またエットーレ・ソットサスのファニチャーはメインストリートから近くの私有地に動かし、アンドレア・ブランジにはよく事情を説明して変更をお願いすることになった。

こうした様々な困難はデザイナーの誠意ある対応により、また、このプロジェクトの関係者、とくに森ビルの行政担当の努力により乗り越えることができた。

デザインの多様性

このプロジェクトのテーマは「デザインの多様性」であった。そもそもデザインとは多様なものである。なぜなら、人々は様々な経験と思考性を持ちながら、固有の人格を形成している。そして、それらは地域・民族のもつ歴史、伝統、習慣から生まれるコスモロジーによって微妙に異なる。「世界は決して同じではない」のである。

デザインの多様性とは、ポスト・モダニズム以降もっとも重視されたテーマであった。だが、そこに生まれる多くのものは本来の多様性とは無関係のものだ。それはちょっと形の異なったもの、わずかな色の違い、新たなマテリアルなど、本来の多様的意味とは無関係のものであった。だが、多様性とは［人が生きるといった本質的な行為に対して多様な価値］であって、その背後には世界は決して同じではない、という思考が流れている。

都市と人間をつなぐもの

ストリートスケープが生みだすものは、都市と人間をつなぐものである。都市という巨大なランドスケープを人間の手に戻すことこそ、このプロジェクトの重要な意味である。「座る」といった身体性を伴う行為は、人間のもっとも基本的な動作である。この身体性を伴った基本的動作をいかに解釈し、デザインに結びつけるかを考えることが、このテーマである多様的価値の問題でもあった。一見するとスカルプチャーのように見えるストリート・ファニチャーも「座る」といった身体行為によって彫刻とは一線を画すものであった。だが、そこから生まれたものは、ただ単に座るといった行為だけではなく、21世紀文化が目指す方向もかいま見せた。それは重力の問題であったり、透明性、境界性、関係性、自然、記憶、通俗性、微細性、変化、無化、心象風景など、20世紀に失われた人間固有の感覚をよびもどすものであった。

ストリートスケープ計画は多くの地域のデザイナー、様々な年代によって生みだされることになった。そして彼らの解答は、それぞれの解釈を生みだし、既成の概念にとらわれることのない未来を見すえたものであった。

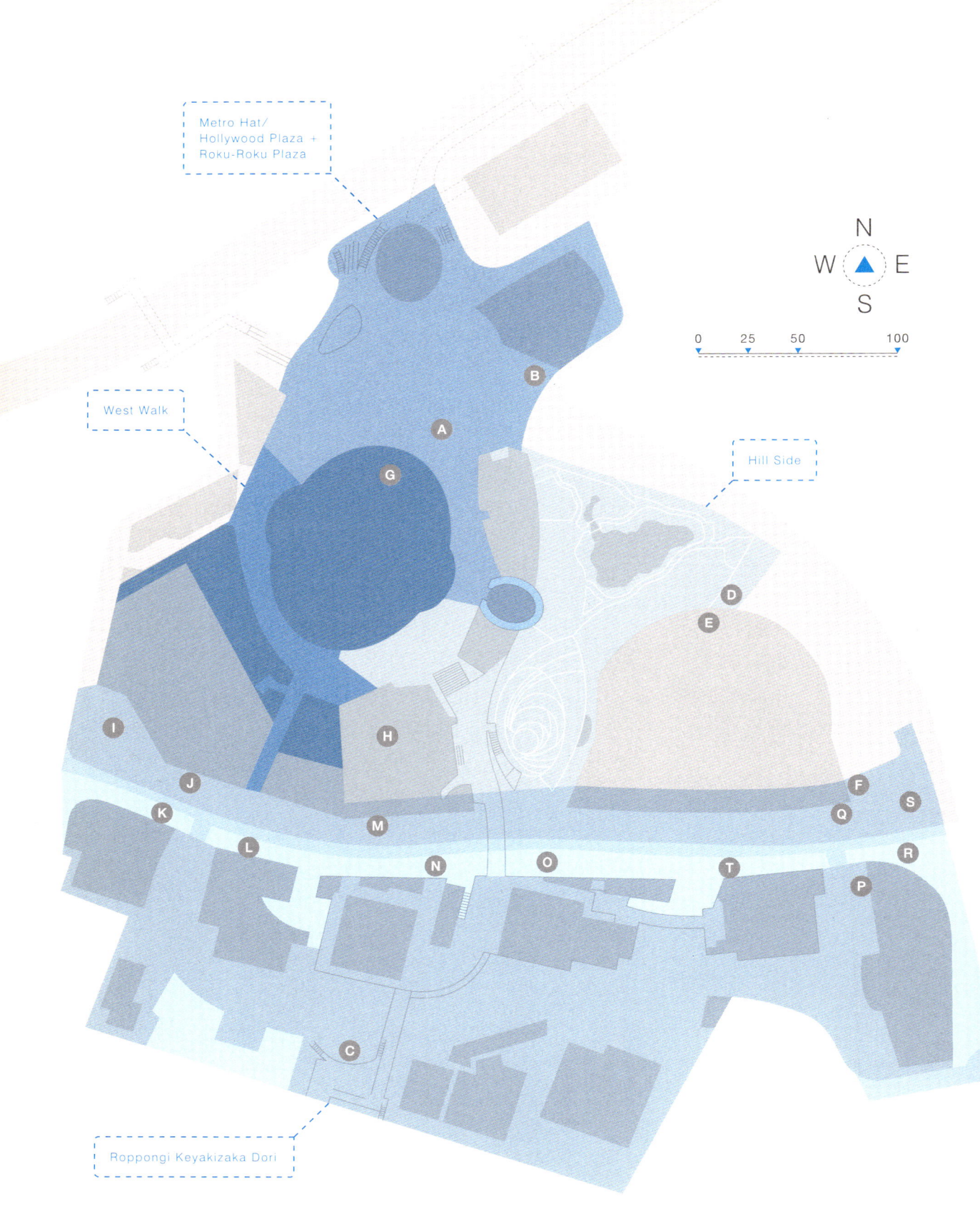

Metro Hat/
Hollywood Plaza +
Roku-Roku Plaza

West Walk

Hill Side

Roppongi Keyakizaka Dori

N
W E
S

0   25   50   100

第3章 「六本木ヒルズ」都市の風景

「六本木ヒルズ」は東京に「文化」の核をつくり、日本を代表する「文化都心」を創出するために計画された。この計画は、現在計画されている既成市街地の再開発プロジェクトのなかでは、国内最大規模。施行区域約11.6ヘクタール、総延床面積約759.000m^{2}というスケールを誇る。ここにオフィス、住宅、ホテル、商業施設、文化施設などの機能を融合させ、また、既存の池・緑の保全をはじめ、公園・広場などを整備し、計画敷地面積の過半をオープンスペースとすることで、緑豊かな潤いのある文化都心を実現した。

コンセプトの異なる5つのエリアには230を超えるショップやレストランからなる商業施設が誕生した。各建物の低層部や路面に店舗が連続し、緑溢れる開放的な空間の中で、街全体を回遊しながらショッピングや飲食が楽しめる構成となっている。また、複合施設であることから生まれる多目的な過ごし方ができるのも、この商業施設の魅力である。六本木ヒルズという街のコンセプトに対する共感で結ばれたそれぞれの店舗は、この街ならではの商品やサービスについて対話を重ね、ここにしかないオリジナリティやクオリティを追求してきた成果である。

Roppongi Keyakizaka Dori

六本木けやき坂通り

六本木ヒルズの東西に渡る約400mの並木道。
周囲にはラグジュアリーブランドショップや、老舗の飲食店、
おしゃれなカフェが建ち並んでいる。

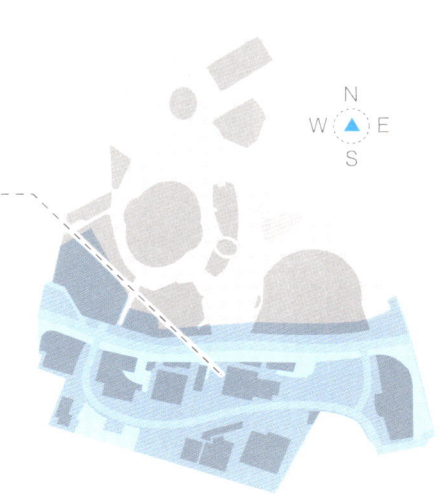

六本木ヒルズの街に新しく生まれた約400mのメインストリート。幅約8mの歩道に沿って路面店舗が連続的に配置され、ヨーロッパ調の自然石を基調とした街並みと、四季の変化を演出する街路樹や沿道の花壇により、心地よいショッピングストリートとなった。ここには、国内外有名ブランドをはじめとするハイクオリティなファッション・雑貨の他、レストラン、オープンカフェなどが軒を連ねている。

144

六本木ヒルズの南側には総戸数約840戸（地権者住戸を含む）の住宅を整備。1Rから5BR、メゾネットタイプなど様々な間取りがあり、デザインにもこだわる。また、24時間バイリンガルによるサービス、スパや屋上ガーデンなどの付帯施設、耐震性能なども備えている。ここではエンターテイメントや文化の傍らで暮らす豊かなライフスタイル、各施設と連携した様々なサービスを満喫できる。

グランド ハイアット 東京では、個性あふれる10のレストラン・バー、究極のくつろぎを目指す389の客室、13の宴会場施設などダイナミックで都会的な空間と、ホテル内ならびに六本木ヒルズの多岐にわたる施設によって豊かな時間を過ごすことができる。また、都内でも有数の施設を誇るスパを備えている。グランド ハイアット 東京はホテルを超えた新世代ホテルだ。

イルミネーション

六本木けやき坂通りには、クリスマスシーズンだけでなく、2月から3月にかけては春の訪れを祝ってイルミネーションが展開された。60本の欅には約32万灯のLEDが装飾され、夜空のなかに自然と光が織り成す壮大なシンフォニーは、夢幻の世界に迷いこんだかのような気持ちにさせる。

Illumination

On Roppongi Keyakizaka Dori, sixty zelkova (keyaki) trees are decorated with some 320 thousand miniature LEDs for special seasonal illuminations at Christmas, and from February to March to welcome the advent of spring. The natural forms of the branches lit up against the night sky make it seem as if one has wandered into a fantastic dreamworld.

ルイ・ヴィトン
[LOUIS VUITTON]

青木淳らが内装デザインを手掛ける。巨大なガラスのウィンドウには、店のロゴと共に、スチールの輪を組み合わせたルイ・ヴィトンのモノグラムモチーフの柄が一面に広がっている。ウィンドウを通して見ると、ブランドのアイデンティティを表わすイメージと、通りの光景が重なり合って見える。

Louis Vuitton
Interior design by Aoki Jun, Aurelio Clementi and Louis Vuitton's Martille Architecture Department. The gigantic glass wall is emblazoned with the shop logo and an all-over Vuitton monogram pattern wrought with steel loops. Looking out from inside, the brand identity superimposes itself over the street scene.

ワイズ [Y's]

六本木けやき坂通りのベンチのデザインも手掛けたロン・アラッドが内装デザインを行っている。陽光が差し込む明るい店内に入ると、ゆるやかに湾曲したパイプが幾重にも重なってできた柱のまわりに服が陳列され、ターンテーブルによって360度回転している。絶え間なく流動する都市を表わしてるかのようだ。

Y's
Interior design by Ron Arad, who also made one of the benches on Keyakizaka Dori. Inside the well-lit shop interiors, revolving around a column crafted out of layers of gently curving pipe, a 360-degree turntable clothing display suggests the tireless cyclical movement of the city.

イッセイ ミヤケ
バイ ナオキ タキザワ
[ISSEY MIYAKE
BY NAOKI TAKIZAWA]

妹島和世と西沢立衛／SANAAが内装デザインを手掛ける。店内と通りの間には、巨大なガラスがはめ込まれている。通りを歩く人は、最新デザインの服が立ち並ぶ姿を通りの景色として楽しみ、店の中にいる人は、並んでいる服の向こうに動きのある都市の景色を背景として眺めることができる。

Issey Miyake
by Naoki Takizawa
Interior design by Sejima Kazuyo and Nishizawa Ryue / SANAA. A large glass window interfacing between the interior and the street enables passers-by to enjoy a peek in at the latest fashions on the rack, while those inside can view the bustling cityscape through the shop displays.

((· Hill Side

ヒルサイド --

シネマコンプレックスを擁するけやき坂コンプレックスと、
旧毛利邸宅跡の日本庭園に面するセミオープンストリートからなるエリア。
オリエンタル・アジアンテイストのレストランやショップが並んでいる。

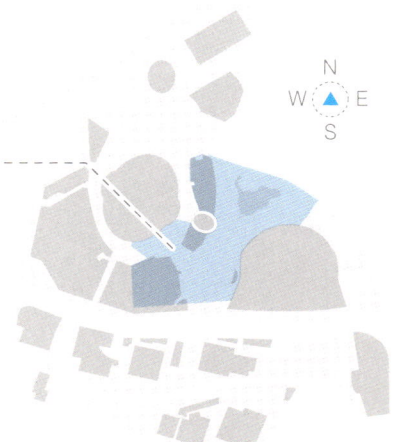

旧毛利邸跡の日本庭園に面するセミオープンストリートのヒルサイド。緩やかな傾斜と曲線で構成された動線は、高低差（約17m）をたどりながら散策を楽しむことができ、イベント広場「六本木ヒルズアリーナ」へ続いていく。ここにはオリエンタルテイストあふれるファッションや雑貨、飲食が集積している。また、けやき坂コンプレックスを中心にして、発信性の高いアパレル、飲食の大型店が並び、ヴァージンシネマズ六本木ヒルズとともに「衣・食・住・遊」のライフスタイルを提案する。

六本木ヒルズアリーナは街全体で行われる様々なイベントの中心となり、世界に向けた情報発信基地として、また街のコミュニティの核として機能する。'本物'にこだわった良質でインプレッシブなプログラムは街全体にクリエイティブな賑わいをもたらしている。

テレビ朝日は、日本庭園に面した6層吹き抜けのアトリウムなど、自然と一体化する内部空間をもちながら、次世代のデジタル・メディアステーションとしての最新機能を装備している。2003年10月から放送を開始した。

中世の街並み風の壁面

自然石を用いた壁面は、中世の街並みか
城砦を思わせる。中に入ると、床も壁も
わん曲しているため、それぞれの空間が
見え隠れするような構造になっている。
迷宮を探検するかのように歩いていくと、
急に別の空間に出くわす。

Medieval-town-like
Walls in the Modern City

The natural stone facades, de-
signed by John Jerde, recall the
ramparts of a medieval castle.
Inside, the floors and walls are
curved into concealed bays,
making for sudden surprise dis-
coveries as if in a labyrinth.

((• West Walk

ウェストウォーク -

六本木ヒルズのシンボル。森タワー内のエリア。
4層吹き抜けのガレリア空間が印象的。
このエリアにはファッション、レストランから総合クリニック、
銀行まで快適な生活を支えるショップがそろっている。

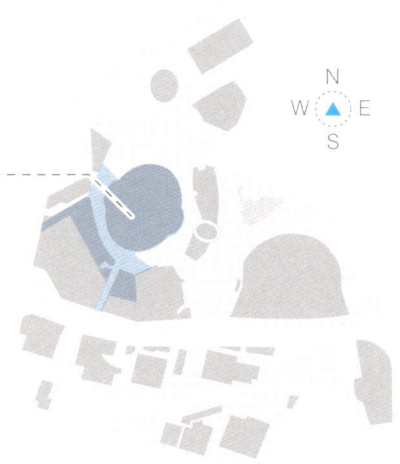

吹き抜けの空間

4層吹き抜けの空間には、バルコニーや渡り廊下が複雑に重なり合っている。一方向の視点からでは全体を見渡すことができず、多方向の視点によって空間を把握するようにデザインされている。

Open Atrium

The Atrium space opens up onto four levels in a complex system of balconies and connecting walkways. No single viewpoint encompasses the whole space; the design demands one to look from several directions to grasp its entirety.

六本木ヒルズ森タワーとグランド ハイアット 東京に面した場所に位置する、4層吹き抜けのガラス屋根に覆われたガレリア空間。明るい陽光と豊かな緑、グランド ハイアット 東京の屋上庭園から落下する滝によって、ホテルとの一体的な空間を演出する、開放感のあるエリア。ここにはトレンド発信型のアパレルや、オリジナリティあふれるジュエリーや雑貨などの店舗が並ぶ。また、5階は、様々なライフシーンに対応できるレストランが連なる飲食専門フロアとなっており、6階にはオフィスワーカーや住民の生活をサポートする郵便局、銀行、ATM、チャイルドケアセンター、総合クリニック、美容・理容室、リペアショップなどが並んでいる。

行灯風の照明

自然石を用いた壁面には、室内の暖かみを感じさせるような行灯風の照明が取り付けられている。自然で有機的な建築空間を形づくるため、それぞれの照明は微妙に大きさや高さを変えている。

Andon-style lighting

Here and there on the natural stone walls, lights reminiscent of traditional Japanese *andon* lanterns provide a warm interior mood. To give an organic character to the architecture, the sizes and heights of each lamp differ slightly.

二つの異なるデザイン

ウェストウォークの吹き抜け空間は、二つの異なる建築が組み合わさってできている。通りの片側には、シャープで未来的な森タワーの壁面か、もう片側には茶系の石タイルによる自然で有機的なホテル棟の壁面が展開している。異なるデザイナーのコラボレーションによって、ドラマチックな空間が生み出されている。

Two Different Designs

The West Walk atrium is comprised of two different architectural styles: the futuristic metal wall of the Mori Tower on one side, and the earth-tone stone cladding of the more organic hotel structure on the other. A dramatic space is created through the collaboration of two different architects (KPF and John Jerde).

((· Metro Hat/ Hollywood Plaza + Roku-Roku Plaza

メトロハット/ハリウッドプラザ + 66プラザ

地下鉄日比谷線六本木駅から直結の、六木本ヒルズの玄関口。
テイクアウトOKのフードショップや日常生活に欠かせない
ファッション、雑貨などの店舗が集まっている。

六本木ヒルズのメインゲートであるこのエリアは、地下鉄六本木駅からの
乗降客や周辺のオフィスワーカーなど、多くの人々で賑わう活気にあふれた
空間だ。ここには、忙しい都市生活者が食事を楽しめるよう、バラエティ
豊かなテイクアウトができるフードゾーンをはじめ、世代を超えた都市生活者
を満足させるファッション、雑貨、コスメなどの店舗が集まっている。

地下鉄六本木駅に直結する街の玄関ロメトロハットと地下の商業
空間でつながるハリウッドプラザ。メイ・ウシヤマのハリウッド化粧品・
美容室・美容学校のビューティグループ、ヘルシーなテーマカフェ＆
レストラン、ファッションのセレクトショップ40店が複合した美・健・
飾のコンセプトビルである。
六本木ヒルズのシンボルとなる地上54階建ての超高層ビル「六本木
ヒルズ森タワー」。7階から48階までに位置するオフィスは、超高層
ビルの1フロア貸室面積として国内最大級の約1,360坪（約4,500㎡）
を誇る。超高速のネットワーク、卓越した耐震性能と徹底したセキュリティ
などを備えた最新鋭のオフィスビルである。

156

ミュージアムコーン

東京シティビュー、美術館と同じく、リチャード・グラックマンによる設計。展望台と美術館を訪れる来館者は全て、このミュージアムコーンと、それに続くブリッジを通過することになる。周囲の雑踏から離れ、ミニマルで研ぎ澄まされた空間にいざなうことによって、来館者の期待を高める効果を生み出している。

Museum Cone

Designed by Richard Gluckman, the architect of the Tokyo City View and the Museum itself. All visitors to the viewing deck and the Museum enter via the Museum Cone and its connecting walkway bridge. Once separated from the busy street, visitors' anticipation is heightened by the refined minimalism of this design.

文化都心のシンボルである「森アーツセンター」は六本木ヒルズ森タワー（オフィス棟）の最上部に位置する文化・芸術・知の創造空間だ。

六本木アカデミーヒルズ［40階、49階］

各界のトップリーダーによるプロフェッショナルスクール、24時間会員制ライブラリー、国際的なフォーラム開催などの機能を有し、都市生活者の知的要求と創造活動をサポートする"知のワンダーランド"である。産学官が壁を超えて連携する国際的な知的創造拠点となっている。

六本木ヒルズクラブ［51階］

政治、外交、ビジネス、教育、医療、芸術、建築、デザイン、メディア、スポーツ、エンターテイメントなどの幅広いジャンルで活躍している人々が集う、メンバーシップクラブ。レストランやバー、個室ダイニングなど約1,000席の多様なバリエーションをもつ六本木ヒルズクラブは、新しい文化と出会いコミュニティが生まれる拠点として機能している。

東京シティビュー［52階］

東京タワー特別展望台と同じ高さで、海抜250mから東京を一望できる展望台。日々ダイナミックに変化する東京を実感できる空間だ。

森美術館［52階、53階］

世界中で最も空に近い美術館。日本の美術館史上初の外国人館長となるデヴィッド・エリオットを迎え、国際的に著名な美術館との提携・ネットワークにより、世界の現代アートを堪能できる空間である。また、週末、祝日、祝前日などは深夜まで開館している。

東京スカイデッキ［屋上］

海抜270mに開設されるオープンエア形式の空中回廊。360度のパノラマを楽しみ、東京上空を流れる風や空気を肌で感じることができる。

サイン

六本木ヒルズのロゴデザインは、ジョナサン・バーンブルックによるもの。サインは場所ごとに、様々なデザイナーが手掛けている。それぞれのデザインは、場所のアイデンティティや機能を明確に表わすと同時に、街の景色を楽しく、親しみのあるものにするという役目も果たしている。

Signage

The Roppongi Hills logo was designed by Jonathan Barnbrook. It has been used in various locations by different designers to accentuate the identity and function of each locale, while at the same time articulating a diverse, friendly and lively atmosphere.

六本木ヒルズ : 新しい都市デザインを目指して

経済が高度成長期を経て成熟期に入ったように、我が国の大都市も成熟期に入ったのであろう。人々の都市への関心は、最新の大規模開発より、昔懐かしい路地の散策に向かっているようだ。確かに路地には魅力がある。そこには人間に適応したスケールがあり、小道と建物と植栽、鉢植えに一体感がある。そこには人に優しい環境が生きづいているからであろう。都市再生といわれる大規模再開発にはそれが感じられない。人々に違和感を与えているようにも思える。

しかし、経済が成熟したと同時にグローバル化に直面しているように、都市もグローバル社会に対面せざるを得ない状況でもある。ポストモダン、ポスト・インダストリアル社会は知的社会と言われている。知恵、知識の多くは、人間の都市活動の中から生まれ、育ち、広まっていく。国際的都市間競争の時代と言われる所以である。戦後の産業時代に乱雑に拡大、成長した東京も、このグローバル時代に適応した都市再生が求められている。国際的に活躍する人々が気に入るようなビジネスや生活の楽しみを備えた文化的な都市環境づくりが必要である。それには路地だけではとても対応できない。都市構造の改変、グレートストリートづくり、骨太の都市再生が欠かせないと考える。

六本木ヒルズはこのような時代の要請に応えようと、80年代の中頃から始まった再開発である。加えて、400人もの地権者の方々と共に、路地の多かったこの街を、必ず起る大地震に備える、サステナブルな高環境の街に創り

((• Yamamoto Kazuhiko

山本和彦 森ビル株式会社／取締役副社長

1946年生まれ。1969年京都大学工学部建築学科卒業。
同年日本住宅公団（現・都市再生機構）入社。1974年森ビル株式会社入社。
森ビル開発株式会社取締役、森ビル株式会社取締役、森ビル企画株式会社専務取締役、
森ビル株式会社理事、同専務取締役を経て、2003年より現職。
2001年から社団法人不動産協会都市政策委員長を務める。

Roppongi Hills: Toward a New Vision in Urban Design

After an extended period of rapid growth, the Japanese economy has reached maturity, and so too have Japan's major cities. Yet it is not the latest massive redevelopment project but rather the charming side streets and meandering lanes that people tend to appreciate nostalgically. For surely, the beauty of the old neighborhoods lies in their human scale – the alleyways, buildings, trees and potted plants – all forming a harmonious unity. That's where we find an ideal environment for convivial living, though that's just what is missing from most so-called "urban renewal" projects: such large-scale redevelopment only seems to make people feel out of place.

Nonetheless, inasmuch as economic maturity has also meant coming to terms with globalization, the city has had to face up to global society. Postmodern, post-industrial society – also termed "intelligent society" – has derived, fostered and disseminated much wisdom and information from the currents of popular urban living. Hence, competition between international cities has become a by-word of the times. Even Tokyo, which expanded virtually unchecked in the confusion of the post-War industrial decades, now seeks redevelopment in keeping with global trends. Tokyo needs to re-invent itself as an urbane environment replete with all the commerce and comforts that might appeal to a more internationally active community. Neighborhood backstreets are no longer enough. Major changes to the very structure of the city are needed: urban renewal must paint in broad strokes, creating whole new thoroughfares and high streets.

変えようとするプロジェクトであった。そのような骨太でありながら人に優しい環境をいかにつくるかが課題でもあった。そのために、まず道路、公園等の公共施設と、建築等の民間施設を私共で一体的にデザインすることから開始した。新宿、汐留のような大規模超高層型の都市開発では、道路、公園は行政が、そして各街区内では各民間が独自に建築を設計している。それに対し、六本木ヒルズでは再開発事業のプロデューサーである森ビルが、デザイン全体のコーディネートを行った。けやき坂通りでは、車道、歩道、並木、花壇、ストリートファニチャー、街灯、出入のある建物のファサード等、街路空間を構成する全てを森ビル側でデザイン、建設し、完成後、必要な部分を区に移管している。他にも、環状3号線の幹線道路を跨いでいる66広場、毛利庭園等、本来公共が整備すべき施設も建築デザインと連続した環境づくりとして、一体的にデザインしている。外溝デザインの佐々木葉二、日本庭園の小形彰次、店舗部分のファサードのジョン・ジャーディ、テレビ朝日の槇文彦、オフィス、ホテルのKPF等、様々な建築家とのコラボレーションの成果と言えよう。

次に超高層部と低層部のデザイナーを分けることに挑戦した。建築家の立場から考えると、足元から超高層の頂部まで一人の建築家が一貫したデザインをするのが本来の姿であろう。しかし、来訪者の立場からすると、遠方からのスカイラインとシンボル性、中景からのアクセス性、地区に入った時の空間経験等、異なった感覚、

Yamamoto Kazuhiko
Exective Vice President, Mori Building Co., Ltd.

Born in 1946. Upon graduating from the School of Architecture, Faculty of Engineering, Kyoto University
in 1969,Yamamoto Kazuhiko started his career in the field of urban development
by joining the Japan Public Housing Corporation (currently known as Urban Renaissance Agency).
Since he joined Mori Building Co., Ltd. in 1974,
he has assumed numerous positions such as Director, Mori Building Development Co., Ltd.
Director, Mori Building Co., Ltd., Managing Director, Mori Building Planning Co., Ltd.
Senior Managing Director, Mori Building Co., Ltd. and most recently,
Executive Vice President, Mori Building Co., Ltd. (since 2003)
He has also been serving as Chairperson of the Urban Policy Committee,
Real Estate Companies Association since 2001

Beginning in the mid-1980s to meet the projected demands of the times, Roppongi Hills is the result of working together with four hundred property owners and their mazelike neighborhood to re-envision an advanced sustainable environment fully prepared against the inevitability of a mega-seismic earthquake. Issues of scale were likewise of primary importance throughout.

Toward this end, we first conceived of a design wherein public elements–roads and parks– would be integrated into private architectural spaces. In previous large-scale high-rise redevelopment projects like Shinjuku and Shiodome, the local authorities laid out the roads and parks, then various private concerns designed buildings within their own respective tracts. Where as with Roppongi Hills, Mori Building acted as sole producer overseeing the entire redevelopment project.

In the Keyakizaka area, for instance, we designed and constructed a comprehensive street space composed of roads for car traffic, pedestrian footpaths, trees and other ornamental plantings, street furniture, streetlights and facades for access to buildings, later making necessary part of them under the control of local authorities after the project's completion. Elsewhere, in the Plaza area skirted by the major No. 3 Loop Road, the Mohri Garden–more typically a public space–is incorporated into the overall built environment, which itself represents a collaboration between a number of architects: the perimeter wall by Sasaki Yoji, Japanese garden by Ogata Shoji, retail store zone facades by John Jerde, TV Asahi Headquarters by Maki Fumihiko, and offices and hotel by KPF.

体験を求めている。特に歩行者にとってみれば、歩行空間、歩行視点での水平方向の連続性、変化の意外性に喜びを感じると考えた。

従って、超高層の森タワーについて、タワー部分はKPFがデザインしたが、各建物をつなぐ基盤部については、ジョン・ジャーディに一貫したデザインをお願いした。超高層の住宅棟についても同じようにタワー部はテレンス・コンラン、基盤部はジャーディが中心になってデザインを行った。歩行空間内ではジャーディの一貫したデザインの流れを感じながら、各建築家独自のデザイン、ランドスケープデザインが姿を見せる、他にはない環境を生み出せたのではないかと思う。各デザイナーの個性がコラボレーションにより、何らかのハーモニーを生み出していると感じられる象徴が毛利庭園側から見た姿であろう。江戸時代の大名庭園をモダン化したランドスケープから、エレガントな槇文彦のテレビ朝日のアトリウムが見え、ジャーディの有機的な地層を表現した基盤の中に、ジオメトリックでハイテックイメージのニューアールデコとも言えるKPFの森タワーの足元が見え、その間にグラックマンのミュージアムのミニマルなエントランス・ストラクチャーが顔を出すという構成である。

個性が強く、自己主張の好きな建築家同志のコラボレーションは大変骨の折れる仕事であった。実際、最初の頃は激しいやり取りがあった。それを乗り越え、お互いを尊敬しつつ、切磋琢磨し、それぞれの個性に加えた新しい

Next, we experimented by dividing high and low levels between several hands. Although architects conventionally see themselves designing single structures from base to tower, to visitors' eyes the symbolic heights of the skyline are experienced as quite distinct from the more accessible mid-levels, and different again from the more horizontal perspectives of strolling pedestrians who might enjoy the diversely accentuated continuity of ground-level promenades, something rather unexpected in a high-rise complex. Thus, we had KPF design the tower levels of the Mori Tower, while the interconnecting galleria base of the various buildings is entirely John Jerde's design. Similarly, Terence Conran designed the residential towers of the Roppongi Hills Residences, while the designing of the base centerd again on Jerde, as did the promenades throughout. Each architect's own distinctive vision in building and landscape design combines to create an environment unlike any other, a collaborative harmony perhaps best appreciated when viewed from the Mohri Garden. Modeled on the garden of an Edo Period feudal lord, the Garden takes in the elegant glazed atrium of Maki's TV Asahi Headquarters, the organic geostrata of Jerde's galleria at the base KPF's geometric high-tech image "neo-art deco" Mori Tower, as well as Gluckman's minimalist Museum Entrance structure.

Getting so many highly determined and individualistic architects to collaborate was extremely hard work. In fact, initially they were all fiercely competitive. Soon, however, they overcame their differences and developed a mutual respect in the spirit of their shared pursuit of a new

美を追求するという真のコラボレーションに至ったのは、お互いの共通の目標があったからだと思う。それは当初からのこの再開発のコンセプトである「文化都心」を創るということだった。不動産価値的に一番高い超高層、森タワーの最上階に美術館をつくることに象徴されるように、プロデューサーとしての森ビル側に文化都心にするのだという強い意志があり、それに各建築家が共鳴し、参加してくれたからだと思う。

最後に、文化都心が出来たとしても、それが孤立していたのでは発展性がない。周辺地区との連続性が重要になる。六本木及び西麻布交差点との関係はまだ課題が残されているが、江戸情緒が少し残っている下町商店街・麻布十番との関係は上手くいっていると思う。テレンス・コンランのデザインしたゲートタワーが、麻布十番とをつなぐ街のコーナーになっており、さらにカフェ付きの本屋、高級スーパーがあり、両者の交差点の役割を果たしている。現実に麻布十番は六本木ヒルズ効果で賑わっている。

六本木交差点とのつながりにもなる芋洗坂には古い建物をコンバージョンして意識的に現代アートのギャラリー等を誘致した。また、国立新美術館も近くに出来、防衛庁跡地の再開発の工事が始まる。これらが連続性をもって、六本木地区全体が文化都心として成熟することを期待したい。

aesthetic. Indeed, while each contributed his own individual sensibility, theirs was a common goal: to create a "cultural heart of the city." Such was the project concept from the very beginning and an unwavering directive for Mori Building as producer—now symbolised by the art museum occupying the top floor of the Mori Tower, the single most valuable real estate in the entire complex. It was this, moreover, that struck a chord with the architects and elicited their earnest participation.

Lastly, even upon completion of this "cultural heart of the city," culture does not develop in isolation. Continuity with existing local surroundings is equally important. While Roppongi Hills has yet to become fully knitted into adjacent areas around Roppongi and Nishi-Azabu crossings, it has, we feel, successfully been integrated with the old Tokyo neighborhood of Azabu Juban to the south. Terence Conran's Gate Tower, with its cafe-bookshop and gourmet grocery store, acts as a mediating link between the southeast corner of the complex and the Juban. A new vitality has been infused into the area, enticing contemporary art galleries to relocate to a refurbished old building on Imoaraizaka rise leading to the Roppongi crossing. And now, the National Art Center, Tokyo will soon be completed nearby, and work will begin on the redevelopment of the site of the old National Defense Agency only a short walk away. With such connective urban fabric in place, expectations are high that the Roppongi district as a whole will mature into a true cultural heart of the city.

現代美術のインストール

六本木ヒルズがオープンする前、街のシンボルとして現代美術を展示するスペースを作り、オフィス棟の最上階に持ってくるという案を聞いたとき、誰もが無謀！と思ったはずだ。不動産ビジネスのプロは、3000億近い投資額と17年という歳月をかけた大規模開発における、もっとも単価が高いはずのスペースをそんな趣味的な場にするなんて…、とソロバンをはじいただろう。美術業界では、バブル期に企画され90年代に開館した美術館が軒並み苦境に立たされている現状を思って、憂慮した人が少なくなかっただろう。

しかし、森美術館（MAM）は明らかに成功している。オープニング企画展の『ハピネス』は、約73万人という入館者を集めた。東京都現代美術館でもっとも入ったのが1997年の『ポンピドー・コレクション展』で約31万人、2003年夏に話題になった同館の『スタジオジブリ立体造型物展』が約22万人であるから、その数字の大きさがわかる。あまりにも単純な計算ということを承知で書けば、入館料1500円で73万人だと四半期で約11億円の売上だ。MAM（MORI ART MUSEUM）の年間予算が約20億ということを考えると、充分にペイする数字といえる。MAMは、現代美術にビジネスのリアリティを与えることに成功しつつあるのだ。開館まだ半年と時期尚早の嫌いはあるが、本稿ではその成功に至った経緯を探ってみたい。

((・ Masuyama Hiroshi

桝山　寛

1958年東京生まれ。メディア・プロデューサー。株式会社ダブ代表取締役、共立女子大、武庫川女子大非常勤講師。
81年慶應義塾大学卒業後、ニューヨークのThe School of Visual Artsで映像制作を学ぶ。
83年帰国。フリーのディレクターとしてテレビ／ラジオ／ゲームの制作を行う。
96年株式会社ダブ設立、代表取締役就任。
著書：『テレビゲーム文化論』（講談社・現代新書・2001年）、『マネースマート』（角川書店・2002年）

"Installing" Contemporary Art

Before Roppongi Hills opened, everyone balked at plans for an contemporary art exhibition space on the top floor of an office building. No matter that it was to be a town symbol, real estate professionals were incredulous. The very idea of devoting the single most expensive floor-space in this massive, near-300 thousand million yen development project, seventeen years in the making, to such a dilettantish venue! You could practically hear them tallying the figures. Meanwhile, the art world welcomed the prospect, especially as most of the museums planned during the "economic bubble" years and opened successively into the 1990s had since come on hard times.

Whatever, the Mori Art Museum (MAM) is clearly a success. The opening exhibition Happiness was attended by some 730 thousand visitors. Compared to the Museum of Contemporary Art Tokyo's approximately 310 thousand visitors to its most attended 1997 Pompidou Collection exhibition, or the 220 thousand for summer 2003's popular Studio Ghibli Models exhibition, the numbers speak for themselves. Which, by the simplest calculation of 1500 yen per person, works out to approximately 1100 million yen in only the first quarter, well over half the Museum's annual budget of 2000 million yen.

I really began to take greater interest in MAM— more than other "normal" museums, that is— when I heard about the special "observation deck plus museum on the same ticket" system

私がMAMに普通の美術館以上の興味を持ったのは、開館直前の時期に「展望台と美術館が同じチケットで入場できる」という仕組みを聞いたときだ。つまり、73万人という数字は「六本木ヒルズに来て、展望台に上がった人」とほぼ同数なのである。その意味で、他の美術館の入場者数と単純比較するのは無理があるのだが、私はその「ビジネスモデル」の巧みさに喝采を送りつつ、そこまでして森ビルを現代美術に向かわせる背景が知りたいと考え始めたのだ。森ビル取締役副社長、山本和彦氏にお話を伺うことができた。

六本木ヒルズは、50年〜100年先を考えた街作りだ。そこのシンボルは何がふさわしいか。86年竣工のアークヒルズでは、グローバルなビジネスがあたり前になるだろうというビジョンがあり、文化施設としてはコンサートホールを置いた。六本木ではビジュアルなものをやろうということで始めた。日本では、印象派でないとなかなか集客ができないという意見から、世界中のコレクションを調査したが、今から世界的な印象派の作品をコレクションすることが難しいのを痛感した。現代美術という分野に対しては、森社長はじめスタッフたちに、最初は違和感もあったが、やがておもしろさがわかってきた。戦後日本の文化が進歩してきた過程を考えると、当初は一部の人が好んでいたものが大衆化してきた歴史がある。現代美術の場合も、そうなるのではないか。また、そうなってほしい。多くの人が本物の文化にふれられる場として、MAMはある。

Masuyama Hiroshi

He was born in Tokyo in 1958. Media Producer. Director of dabb, inc.
lecturer at Kyouritsu Womens University,Mukogawa Womens University,
studied in Keio University,The School of Visual Arts(1981-83 New York).
83-96 Freelance director of TV/Radio/Games.
96 Director of dabb, inc.

during the pre-opening period. Which probably means that close to the same 730-thousand visitors who came to Roppongi Hills went up the to the observation deck; it also makes nonsense of any simple comparisons with other museums' entrance counts. Still I had to applaud this clever business model; it made me want to learn more about Mori Building's leanings toward contemporary art. Luckily, I was able to ask Vice-President Yamamoto Kazuhiko firsthand.

Roppongi Hills was planned looking fifty years, a hundred years ahead. But how to denote this foresight symbolically? Whenan earlier Mori Building Co., Ltd.'s development project Arc Hills was completed in 1986, the coming "next wave" of globalization in business was a given, yet cultural facilities were also included in the form of a concert hall. With Roppongi, they began to think visually. Going on the received wisdom that only impressionism will draw Japanese art lovers in numbers, a survey of art collections worldwide revealed the painful truth that no world-class impressionist artworks were to be had at this late date. While most of the staff— President Mori included— were not particularly keen on contemporary art at first, the appeal and energy— the fun— soon proved infectious. If the tides of postwar Japanese popular culture tell us anything, it is how the tastes of an isolated few filter out to the masses. Surely contemporary art will follow suit— or so we hope. And what better cultural venue for more people to get their first taste of the real thing than MAM?

最初、私が持っていた仮説は「森ビルは、アートのイメージだけではなく、アートそのものを売ろうとしているのではないか」というものだった。1970年代以来、商業施設や都市開発プロジェクトが「アートのイメージ」を用いることは珍しくない。具体的にいえば、西武流通（現セゾン）グループはそれに長けた企業として、他社との差別化に成功していたといえる。もちろん、六本木ヒルズの商業施設が、MAMの企画展タイトルと連動したフェアを行ったり、シンボル・キャラクターを村上隆に発注したりと、アートのイメージをビジネスに利用するのも当然のことだ。しかし、バブル期の企業と森ビルが決定的に異なるのは、現代美術を日本でも一般化させよう、根づかせようという長期的なビジョンである。私はそれを、山本副社長の言葉の端々から感じることができた。現在のMAMは、集客という意味では成果を上げているが、長期で見たときに「何が実現すれば、MAMが成功といえますか」という私の質問に対して、「現代美術のマーケットができること」と即答していただいた。

ここで想起されるのが、やはり村上隆だ。ここ数年の日本のマスメディア上で、現代美術がもっとも大きく取り上げられたのは、村上作品がオークションで「○千万円で売れた」というニュースだといっていいだろう。村上とMAMには、二つの共通点がある。一つめは、日本に現代美術を、ビジネスとしてのリアリティとともに本気で

Initially, I was of the hypothesis that Mori Building didn't just want an "artsy image," but rather that they actually wanted to sell art. Ever since the 1970s, many commercial facilities and urban redevelopment projects have played the "artsy image" card. The Seibu (now Saison) Group in particular excelled at using culture to successfully distinguish themselves from other companies. And , Roppongi Hills as a commercial venture has certainly held tie-up promotional fairs around concurrent MAM exhibitions and commissioned Murakami Takashi to create a mascot character, or otherwise has capitalized on the perfume of art in conducting its business. That much said,however, the big difference between Mori Building and earlier "bubble"-era enterprises is its long-term vision in seeking to popularize contemporary art in Japan, to see it take root. That was clearly the feeling I got from talking to Vice-President Yamamoto. While MAM is obviously successful at the present moment in terms of drawing power, when I asked him, "What has to happen for MAM to be considered a success in the long run?", his immediate response was, "Create a market for contemporary art."

This brings to mind none other than Murakami Takashi. One of the highly media-celebrated stories about contemporary art in recent years was surely the news that one of Murakami's works fetched an unprecedented auction price of some million yen. Murakami and MAM share two things in common: one, their earnestness to "install" contemporary art as a business and cultural reality in Japan; and two, their strong intent to connect foreign art scenes with that of Japan.

「インストール」しようとしていること。二つめは、海外のアートシーンと日本をつなぐことを強く意識している点である。アーティストとしての村上はもちろん、日本の現代美術作品が海外のマーケットでも通用することを証明し続けている。一方、海外から見たときのMAMはどう見えるのか。実は、MAMが成功しつつある理由の一つがここにもある。現代美術にあまり興味がない人でも、ニューヨークに行ったときにはMoMAを、最近のロンドンならテートモダンを訪れる割合というのは、小さくないはずだ。つまり、都市のシンボルにまでなってしまえば、それが現代美術の展示場であっても、人々はやってくるのである。

MAMの『ハピネス』展で印象的だったのは、幸福の視覚イメージが、宗教的あるいは想像上のものから、リアルな人物や目の前の風景へと変わってきた過程だった。それは、裏を返せば権力が一部の知的エリートの独占から市民へと分散、解放されてきた歴史の投影ともいえるだろう。都市の核となる要素が城や寺院という時代から、金融街やオフィス街になり、さらにはネットワーク上の情報をも含んで変容しつつある中で、美術や美術館がどういう役割を担うのか。現代美術の「インストール」は、果たしてうまく行くのかどうか？ 5年後、10年後のアートシーンが興味深い。私自身にとっての、具体的な判断基準は「自分が、現代美術作品を気軽に買うようになっているかどうか」である。

Certainly Murakami as an artist continues to prove that works of Japanese contemporary art can and do have currency in art markets abroad. On the other hand, how will MAM be perceived from overseas? Here, in fact, is once reason for MAM's success; that even persons with relatively little interest in contemporary art will visit MoMA when in New York, or more recently, the Tate Modern when in London, just goes to show that once a contemporary art venue becomes identified with a city in the public mind, people will come.

One very impressive aspect of the Happiness exhibition was the way in which it took the visualization of hope and joy out of the realm of religion or the imagination and transposed it to real figures and actual scenery. Or via inverse allusion, the way it reflected the history of how powers formerly monopolized by minor intellectual elites have been disseminated and otherwise "liberated" among the populace. Moving from the age when castles and temples formed the core element of cities, to the age of financial and office districts, and even further to this age of network data flows, what is the role of art and museums? Will contemporary indeed get successfully "installed?" I'm very interested to see the art scene five years, ten years from now. At which point, my own very concrete bases of judgment will be, "How easily would I consider buying a piece of contemporary art?"

都市の戦略、アートの戦略

世界が劇場であるといったのはシェークスピアであった。これに敷衍して言えば、古の時代から都市は舞台であり、われわれはその役者だった。役者は単に演じるだけではない。われわれは都市という舞台を作る舞台美術家であり、物語を描く演出家でもある。その出し物によっては都市を繁栄させることもあれば、また衰退させることもあるだろう。役者に芸があれば街に彩りを添える。世阿弥の花伝書は、「役者は花がなければならない」といった。その言葉は都市論にも当てはまる。

都市がどのようであるべきか、多くの人々が論じてきた。人の記憶に残る都市には、花がある。しかしその花は一様ではない。どの都市も、その歴史と地勢に条件付けられている以上、花の姿も、都市としての最適な解も個別的であり、多様である。都市は常に多重性を帯びて、複雑である。複雑でない都市は都市ではない。

六本木ヒルズはアーテリジェントシティを名乗る。アートとインテリジェンスを掛け合わせた言葉である。それはこの都市がどのようでありたいかという願望でもある。なぜなら、アートが創造性と美的価値基準を提供し、インテリジェンスは知と情報を代表するからだ。それがこれからの都市の目指すべきものであるという意思表示は、明快である。

都市が意思を持つことはすばらしいことである。多くの都市は、目的を持って計画された。その背景には戦略があり、生き残るための様々な配慮がなされていた。都市の戦略が現代において創造性と知であるということは、正鵠を射ている。しかし民主主義の時代に都市を一つの意思で作ることは容易ではない。パリを作ったオースマンの

((• Nanjo Fumio 南條史生 森美術館副館長

1949年東京生まれ。慶應義塾大学経済学部、文学部哲学科美学美術史学専攻卒業。
国際交流基金、ICAナゴヤ、ナンジョウアンドアソシエイツを経て現職。
97年ヴェニスビエンナーレ日本館コミッショナー、98年台北ビエンナーレコミッショナー、
ターナープライズ（英国）審査委員、2000年ハノーバー国際博覧会日本館展示専門家、
01年横浜トリエンナーレ2001アーティスティックディレクター等を歴任。
大型のパブリックアート計画、コーポレイトアート計画のコンサルタント、各種選考委員、審査委員、
「アーティスト イン レジデンス」プロジェクトへのアドバイザー等としても活動。
AICA（国際美術評論家連盟）副会長、CIMAM（国際美術館会議）評議員。
慶應義塾大学講師。慶應アーツセンター訪問所員。

Urban Strategies, Art Strategies

Shakespeare once said that all the world's a stage. By extension — *urbis est orbis* — we players upon the urban stage that is our world do not merely act; we are also art directors creating the set designs and dramatists scripting the plays. And depending on the production, the stories that are acted out, some cities prosper while others decline. If the players have talent, they bring color to the town of their creation. In the Noh classic *Kadensho* "Transmission of the Flower," Zeami states that "The actor must have the flower (of art)." And the same surely holds true for cities.

Many persons have put forth their ideas on how cities should be. A truly memorable city must blossom, but all flowers are not the same. Given the diversity of histories and geographies, notions as to what shapes the ideal "flower" are highly individual and varied, yet one thing hold constant: cities are always multilayered and complex; a city that is not complex is not a city.

Roppongi Hills calls itself an "artelligent city," striking an ideal stance between art and intelligence: art providing creativity and aesthetic values, and intelligence standing for knowledge and information. A clear indication of aspirations for the city to come.

It's wonderful when a city has ideas of its own. Many cities are planned for specific purposes, behind which lie various strategies and considerations for survival. Now is the right time to

様にはことは運ばない。今、不可能なそれをやってみるとこうなるということを示して見せたのが六本木ヒルズだった。ところで文化は装飾ではない。芸術はさらに批判精神と裏腹である。それはショッピングモールにブランド・ショップを誘致するのとは性質が違う。アーティストやクリエーター、キュレーターや批評家、ジャーナリストはそれぞれ独自の観点と価値判断を持って、社会や時代と対峙するからだ。それは都市自身の内部に批判を抱え込むことでもある。しかしそれこそが多様性の証であり、また都市が都市たる重層性を得ることにつながってくる。彼らが多様なままに存在することが都市の条件になるとさえ言えるだろう。

都市は、これまで建築の集合体のように捉えられてきた。別の言い方をすれば、それはハードウエアの問題であり、機能の問題であり、形の問題である、と。しかし、今、都市はそれだけではすまない時代に入っている。いや実は大昔からすまなかったのだ。それは社会が共有する文化の問題であり、発信する新しいメッセージの問題であり、また人々の感情や意思が反映するエネルギーの結節点としての問題でもある。だから都市を作ることは、いまやソフトの問題を抜きにしては語れない。

ソフトは物質的に存在するものではない。それはアイデアであり、言説であり、人々の生き方の集合体である。それはどこにあるかといえば、人間の中に宿っている。言い換えるとソフトの時代ということは、人間の時代ということでもあるであろう。人間が資産であり、また人間が創造性と知を担っている。創造性にあふれた人々が

Nanjo Fumio Deputy Director, Mori Art Museum

Nanjo Fumio was born in Tokyo in 1949 and graduated from Keio University from the Department of Economics,
and Department of Philosophy and Literature with a major in Art History.
Currently the director of ICA Nagoya (1986-90) and founder of Nanjo and Associates (1990-2002),
he has served a number of positions that include commissioner of the Japan Pavilion at Venice Biennale (1997)
and of the Taipei Biennale (1998), member of the Jury Committee for the Turner Prize (1998)
co-curator of the Third Asia-Pacific Triennial of Contemporary Art (1999),
member of the selection committee for the Sydney Biennale, and artistic director of the Yokohama Triennale 2001.
Active as a consultant for several corporate art and large-scale public art projects
and additionally as an advisor on several award selection committees and for artist-in-residence programs,
he is also the vice president of the Association International des Critiques d'Art (AICA),
a board member of the International des Musés d'art Moderne et Contemporain (CIMAM),
a lecturer at Keio University and art critic of the Keio Art Center.

take creativity and knowledge as a strategy, although in these democratized times it's no easy thing for a city to forge one consensual will or idea. We cannot simply do things by fiat like Baron Haussmann laying out the Grand Plan of Paris. And the making of Roppongi Hills clearly shows why that's impossible in this day and age.

Culture is not window decoration. Art comes backed by critical spirit, different entirely in character to the enticements of shopping malls and brand-name boutiques. Artists, curators, critics and journalists each have their own perspectives and value judgments by which they part company with society and the times, thus internalizing critique within the city itself. Proof positive of diversity, leading in turn to a properly multivalent urbanity, their very divergent presence might even be termed a necessary condition of a living city.

Up to now, the city has been perceived as a collective body of buildings. Or to put it another way, as hardware, a body of functions, as a formal proposition. By now, however, the city is no longer just that — as if it ever was all along. Today the issue is how to share out culture across society, how to broadcast new visions, how to pinpoint energy hot-spots that reflect people's feelings and ideas. All of which goes to say that we cannot ignore software issues in creating a city.

Ideas, word-of-mouth, lifestyles — these non-material dimensions reside in people themselves.

集まっているということが都市の質とイメージを決定する。創造性にあふれた多数の人々が好んで住まう都市が、これからの都市の可能性を開くだろう。

都市の文化が表出するあり方には様々なものがあるだろう。出版、コンサート、演劇、映画、あるいは学校やレストラン、公園、ランドスケープ・デザイン、そして個々の建築など、すべてがその都市の文化を代表していると考えるべきである。アートはアイデアを形象化したものであり、また都市に華やかな彩りを添えることができる。美術館、ギャラリー、また公私の様々な空間の中で、アートは様々な芸術家のヴィジョンを目に見える形で存在させることができる。それらのアートは決して単なる絵画でも彫刻でもないだろう。

パブリックアートの定義はよく考えるとなかなか困難である。そもそもパブリックとは何を意味しているのか。一般にわれわれはパブリックアートというとき、公共の広場に置かれた作品を想像する。しかしそれだけがパブリックな場所なのだろうか？ たとえば公立美術館の中にあるアートはパブリックアートではないのか。あるいは1日に3000人、5000人が行き来するオフィスビルのロビーはパブリックな場所ではないのか？ あるいは、テレビに放映され、多くの人々が知ることになる様々なアートがパブリックな存在ということはできないのか？ あるいは民主主義の国、米国では住民の投票による選択がパブリックアートの一つの要件になっているが、これは本当にアートの質を確保する最善の方法なのだろうか、といった問いも浮上する。

Which means that the "software age" is really a "people age." People are assets, bringing a wealth of creativity and knowledge to wherever they live; so when many truly creative individuals choose to live in a city, they put their decisive stamp on its atmosphere and image, opening new possibilities for that city's future.

There are many ways in which a city can show its cultural colors: publications, concerts, theatre, film, schools, restaurants, parks, landscape design, individual buildings. Art as ideas given emblematic form can brighten up all these expressions of urban culture. Whether in museums and galleries, public or private spaces, art can exist wherever artists present their diverse visions in a tangible way. And not just as painting and sculpture.

Public art is a difficult thing to define. First of all, what kind of 'public' do we mean? Discussions of public art typically call to mind artworks installed in squares and plazas, but are those the only public places? Are not public museum collections also, in a sense, public art? Or the lobbies of office buildings where thousands of persons go to work each day, are these not public places? Or artworks broadcast on television to countless viewers, doesn't their presence in mass consciousness count as public? Or conversely, in the case of American popular democracy where citizens have to vote their approval of proposed public artworks by referendum, is this really the best way to assure quality in art?

こうした問いの前で、六本木ヒルズのパブリックアートは、もっとも著名な作家の大作をシンボリックに援用したという意味で、特異な価値を持つ計画となったといえるだろう。ルイーズ・ブルジョワの蜘蛛は、テートモダン（美術館）の開館のときにロビーを彩った世界中に知られた作品だし、蔡國強の深山幽谷の石の塊は、全く新しくできた清潔で人工的な街に粗野で荒々しく、自然で異質な存在として独自の位置を占める作品となった。崔正化（チェ・ジョンファ）のポケットパークは、子供たちに人気の楽しい遊び場所になったが、敷地全体が作品だと考えると、結構な規模のプロジェクトだったことがわかるだろう。さらにテレビ朝日本社の角にある宮島達男の作品は、スケールから見ても、技術面から見ても革新的である。

マーティン・プーリエの、なまめかしく巨大な石の彫刻は、ランドマークに値するし、イザ・ゲンツケンの《薔薇》は、ハリウッドプラザの前で、計画全体にいかにもロマンティックで、美的な彩りを添えている。さらに、けやき坂の11点のストリートファニチャーは、ほとんど彫刻ともいえるダイナミックで創意にあふれたデザインを展開し、機能と美学の危うい均衡を保ちながら、人々の散策に華やかな魅力を添えている。

こうした多彩なパブリックアートの作品群は、まさに六本木ヒルズが文化と芸術の一つの発信源でありたい、という強い意志を表現して余りあるといえるだろう。それはまた、森タワーの52階、53階に位置して開館した森美術館に対する、すばらしい対比を示してもいる。なぜなら、この美術館が、地上の生活空間からあまりにも遠いという印象

In the face of such questions, public art at Roppongi Hills can be seen as an especially valuable undertaking invoking major signature works by leading artists: Louise Bourgeois' spider *Maman* is a world-famous sculpture that previously graced the atrium of the Tate Modern when the new London museum first opened; Cai Guo-Qiang's deep mountain stonescape occupies a unique position in bringing a roughhewn edge of wilderness to a spotless brand-new manmade development; Choi Jeong Hwa's popular pocket park makes a fun place for kids to play, but represents a sizeable endeavor when we consider that the entire site is a designed piece of art. Then there's Miyajima Tatsuo's *COUNTER VOID* that wraps around the corner of the TV Asahi Headquarters, a revolutionary work both in terms of scale and technology; Martin Puryear's bewitching stone landmark; and in front of the Hollywood Plaza, Isa Genzken's *Rose* adds a lovely blush of romance to the entire project. Or again, the eleven pieces of street furniture along Keyakizaka -dori unleash such a sculptural dynamism of design, balancing accessory function with aesthetic appeal, that they actually attract people to come take a stroll.

These many different pieces of public art truly express Roppongi Hills' strong desire to be an antenna of art and culture. And they provide a wonderful contrast to the Mori Art Museum located atop the 53-storey Mori Tower. The reason being that while the Museum seems so far removed from the "real world" on ground level, public art is "closer to home" in daily life, where

を与えるなら、このパブリックアートは人々の地上レベルの生活の中で、いつも楽しむことができ、また、アートが生活の中に進出し、人々とともにある状態を作り出すことができる、もっとも有効な装置だからだ。本来、アートは美術館のようなニュートラルで美しい隔絶された空間を求めると同時に、一方で、人々の生活の中に入り込み、人々の生活とともにあることも求めるのである。だから今後は六本木ヒルズのアリーナや、小さな広場のそこここで、様々なアートパフォーマンスや作品展示が行われて、この街の持つメッセージをより明確にしていくだろう。

さらに都市は、もはや単にパブリックアートを求めるだけではない。ビルのデザイン、歩道のパターン、外壁の素材、ロビーのしつらえ、ビルの稜線の描くダイナミズム、大通りの威風堂々とした風格、小さな路地の作り出す光と影、といった多様な美的要素が、重層的に存在し、相互に連関し、補完しあい、そこに新たなシンタックスとセマンティクスを生み出すのである。それを統括するメタレベルのデザインを完全に統治することはできない。しかし都市を総合的に捉え、全体としていかに美的なものにするかという観点は、都市にとって常に重要である。たとえば中世以来、イタリアの都市は美しい広場と教会と家並みを持っていた。パリにも美学があり、ウイーンにも卓越した都市計画がある。あるいは20世紀の近代を象徴するニューヨークも、また高く連なるスカイラインという新しい美を生み出した。しかし東京は関東大震災と大空襲の後、何を生み出せたろうか。

今、ポストモダン、ポストコロニアル、ポスト構造主義の時代に、整然とした秩序や、統制された美学だけが都市

it can be enjoyed at all times. For as much as art wants to be appreciated to best advantage in beautifully isolated, neutral museum spaces, it also comes alive in more intimately human environs. Which is why we continually hold various art performances and exhibitions in the Roppongi Hills Arena and other open areas, just to make our "artelligent" message that much more clear.

Of course, a city does not live by public art alone. The design of the buildings, the pattern of the footpaths, the exterior finishes and interior appointments, the dynamic diagonals tracing over the tower and imposing facades onto the avenue, the tiny shadowed passageways and lightwells, all these diverse aesthetic elements overlap and interact, describing a new syntax and semantics of complementation. For while there can be no one wholly dominant meta-level design, it is nonetheless important that the city be seen to realize a certain beauty overall. In mediaeval Europe, for instance, Italian cities always had a beautiful *piazza* and *duomo* nestled amidst the townhouses. Paris has its own aesthetic, and Vienna its refinements of urban planning. Likewise New York, so symbolic of twentieth century urbanism, has the beauty of its soaring skyline. But what has Tokyo brought forth since of the Great Earthquake of 1923 or the firebombings of World War II?

In today's postmodern, post-colonial, post-structuralist world, neither systematic controls nor

の美学を規定するものではなくなった。本来、都市には整然と混沌、変化と流動性が包含されている。今はその本質を受け入れる時代なのだ。なぜなら都市は永遠に確定することなく今を生きつづけるからだ。都市の美学は、時代と共に変化し、多様な層を形成するだろう。とすると都市の美学は、多くの人々の共感を求めるだけでなく、時代を超えて生き残る普遍性を求めているとも言える。その可能性は、人間性、ゆとり、知、創造性をよりどころとして、新しい時代の表現をまとって生まれ出るだろう。

六本木ヒルズのパブリックアート、ファニチャーデザインは、このような意味と期待を担って登場した。それは、色彩、形態、発想、表現方法において多様性を象徴する。それは自然と人工に橋を架け、過去と未来に橋を架ける。必然性を負っていると同時に、また意思と要請がなければ生まれなかったものでもある。アートは都市という舞台を求めるが、また都市はアートになることを夢見る。東京という都市、そしてあらゆる日本の都市は、これからより多くの美を求めるだろう。それは結局のところ、われわれの社会が、今後どのように人間的でありうるかという問いにかかわっている。都市は、単に働く場所でもないし、寝る場所でもない。人間の生に意味を与える巨大な装置なのだ。六本木ヒルズのアート計画が担うこのような意味をわずかでも汲み取ってもらえれば、それは本望だということができるだろう。

carefully modulated aesthetics still hold sway as the end-all measures of urban perfection. Let us accept that cities, by their very nature, partake of both order and chaos all is subject to change and flux. The time has come to embrace this quintessential urban character, and recognize that a city lives in the present, forever indeterminate; that as a city's aesthetics vary with the times, forming layer upon layer, allowing more and more people to find resonance, the commonalities may well survive beyond the moment toward a certain universality. That very possibility will surely give rise to new expressions of a new age grounded in humanity, ease, knowledge and creativity.

In this sense, with these expectations, Roppongi Hills has introduced public art and street furniture design in a big way, with a marked emphasis on a diversity of color, form, conception and means of expression. These form bridges between the natural and man-made, between past and future, and while fulfilling their roles as necessities, at the same time they come bearing aspirations and demands. Art wants its hour on the urban stage, just as the city itself dreams of becoming art. Metropolitan Tokyo and indeed all Japanese cities long for more beauty, which ultimately poses the question of how our society can become more human in the years ahead. A city is not just somewhere to work and sleep; it is a gigantic apparatus for giving meaning to human life. If the art projects in Roppongi Hills can ladle out only a tiny bit of that meaning, it will have played its intended role.

プロジェクトデータ

ルイーズ・ブルジョワ
《ママン》 2002年（1999年）
ブロンズ、ステンレス、大理石 9.27 × 8.91 × 10.23m
LOUISE BOURGEOIS
《Maman》 2002 (1999)
Bronze, stainless steel, marble 9.27 × 8.91 × 10.23m

イザ・ゲンツケン
《薔薇》 2003年（1993年）
スチール、アルミニウム、ラッカー 8.0m
ハリウッドビューティグループ蔵
ISA GENZKEN
《Rose》 2003（1993）
Steel, aluminum, lacquer 8.0m
Courtesy of Hollywood Beauty Group

チェ・ジョンファ（崔正化）
《ロボロボロボ（ロボロボ園）》 2003年
FRP、ステンレススチール、ファイバーライト 1.0 × 1.0 × 12.0m
CHOI JEONG HWA
《roboroborobo (roborobo-en)》 2003
FRP, stainless steel, fiber light 1.0 × 1.0 × 12.0m

マーティン・プーリエ
《守護石》 2003年
黒御影石（山西黒） 3.7 × 3.0 × 5.5m
テレビ朝日によるコミッション
MARTIN PURYEAR
《Guardian Stone》 2003
Shanxi black granite 3.7 × 3.0 × 5.5m
Commissioned by TV Asahi

ソル・ルウィット
《壁画#948 カラーサークルの縞》 2003年
アクリル絵具 1階：2.7 × 13.4m 2階：3.0 × 14.8m
テレビ朝日によるコミッション
SOL LEWITT
《Wall Drawing #948 Bands of color (circles)》 2003
Acrylic paint 1F：2.7 × 13.4m 2F：3.0 × 14.8m
Commissioned by TV Asahi

宮島達男
《カウンター・ヴォイド》 2003年
ネオン管、ガラス、IC、アルミニウム、電線等
1ユニットの文字：3.2 × 2.2m × 6文字
テレビ朝日によるコミッション
槇総合計画事務所監修
MIYAJIMA TATSUO
《COUNTER VOID》 2003
Neon tube, glass, IC, aluminum, electric wire, etc.
1 unit: 3.2 × 2.2m × 6 figures
Commissioned by TV Asahi
Directed by MAKI AND ASSOCIATES

三浦啓子
《真実の愛》 2003年
キャストガラス 2.5 × 15.9m
MIURA KEIKO
《True Love》 2003
Cast glass 2.5 × 15.9m

ツァイ・グォチャン（蔡國強）
《高山流水-立体山水画》 2003年
石、水 10.1 × 26.8 × 4.0m
CAI GUO-QIANG
《High Mountain Flowing Water: 3-D Landscape Painting》 2003
Stone, water 10.1 × 26.8 × 4.0m

ドゥルーグ・デザイン／
ヨルゲン・ベイとクリスチャン・オッペワル＆シルヴァン v.d. ヴェルデン
《デイ・トリッパー》 2003年
ポリウレタン成形FRP、ポリエステル塗装、シルクスクリーンプリント
0.75 × 7.0 × 1.41m
DROOG DESIGN／
Jurgen Bey with Christian Oppewal and Silvin v.d. Velden
《day-tripper》 2003
Polyurethane forming FRP, polyester paint、silkscreen
0.75 × 7.0 × 1.41m

ジャスパー・モリスン
《パーク・ベンチ》 2003年
脚部・肘：ステンレス 背・座：桧 0.44 × 8.58 × 0.75m
JASPER MORRISON
《Park Bench》 2003
Leg and arm: stainless steel Back and seat: Japanese cypress
0.44 × 8.58 × 0.75m

日比野克彦
《この大きな石は何処から転がってきたのだろう？
この川の水はどこまで流れていくのだろう？
僕はこれから何処へいくのだろう？》　2003年
GRC、彩色、セラミック塗装　0.85 × 9.0 × 1.25m
HIBINO KATSUHIKO
《Where did this big stone come from?
Where does this river flow into?
Where am I going to?》　2003
GRC, coloring, ceramic paint　0.85 × 9.0 × 1.25m

内田繁
《愛だけを…》　2003年
ステンレス、セラミック塗装　0.45 × 6.0 × 0.95m
UCHIDA SHIGERU
《I Can't Give You Anything But Love》　2003
Stainless, ceramic paint　0.45 × 6.0 × 0.95m

アンドレア・ブランジ
《アーチ》　2003年
コンクリート、セラミック塗装　0.5 × 6.0 × 3.0m
ANDREA BRANZI
《Arch》　2003
Concrete, ceramic paint　0.5 × 6.0 × 3.0m

伊東豊雄
《波紋》　2003年
座：クラッド鋼（削り出し加工）、無方向バフ、セラミック塗装
脚部：コンクリート
0.9 × 3.8 × 0.43m
ITO TOYO
《ripples》　2003
Seat: machined clad steel, nondirectional buff, ceramic paint
Leg: concrete
0.9 × 3.8 × 0.43m

エットーレ・ソットサス
《静寂の島》　2003年
壁面：特注テラゾー　床・柵：御影石（カルドーゾ）
ベンチ：大理石（ビアンコカラーラ）　2.3 × 7.0 × 2.1m
ETTORE SOTTSASS
《Isola Calma》　2003
Wall surface: terrazzo　Floor and bar: granite（cardoso）
Bench: marble（Bianco Carrara）　2.3 × 7.0 × 2.1m

吉岡徳仁
《「雨に消える椅子」》　2003年
本体：ガラス　脚部：ステンレス鏡面磨き
床：御影石バーナー仕上
椅子：0.75 × 0.98 × 0.99 × 0.41（sh）
塊：0.5 × 0.98 × 0.55m　床：1.68 × 5.95m
YOSHIOKA TOKUJIN
《Chair disappears in the rain》　2003
Body: glass　Leg: mirror-finished stainless steel
Floor: burner-finished granite
Chair: 0.75 × 0.98 × 0.99 × 0.41（sh）
Block: 0.5 × 0.98 × 0.55m　Floor: 1.68 × 5.95m

ロン・アラッド
《エバーグリーン?》　2003年
本体：ブロンズパイプ　脚部：スチールパイプ、ブロンズ板貼
1.48 × 6.04 × 2.71m
RON ARAD
《Evergreen?》　2003
Body: bronze pipe　Leg: steel pipe、bronze plate
1.48 × 6.04 × 2.71m

トーマス・サンデル
《アンナの石》　2003年
コーリアン（カメオホワイト／コーヒービーン）　0.77 × 1.5 × 0.45m
THOMAS SANDELL
《Annas Stenar》　2003
Corian（cameo white／coffee bean）　0.77 × 1.5 × 0.45m

カリム・ラシッド
《ス・ケープ》　2003年
GRC、ウレタン塗装　0.7 × 9.0 × 1.94m
KARIM RASHID
《sKape》　2003
GRC, urethane paint　0.7 × 9.0 × 1.94m

六本木ヒルズ
所在地：東京都港区六本木6丁目
事業主：
六本木六丁目地区市街地再開発組合
森ビル株式会社（六本木ヒルズゲートタワー）
主要用途：
事務所、共同住宅、ホテル、店舗、美術館
映画館、テレビスタジオ、学校、寺院、備蓄倉庫
区域面積：約11.6ha
建築敷地面積：89,400m²
延床面積：759,100m²

謝辞

パブリックアート ストリートファニチャー プロジェクトの実施にあたり多大な協力を賜りました。
以下の機関、関係者の方々に深く感謝いたします。

協力:
株式会社テレビ朝日
ハリウッドビューティグループ
株式会社 槇総合計画事務所
株式会社スタジオ80

作品制作・設置（アイウエオ順）:
有限会社 内原智史デザイン事務所
エヌ・アンド・エー株式会社
鳳コンサルタント株式会社環境デザイン研究所
大林・鹿島共同企業体
ガスム
ギャラリー・ダニエル・ブフホルツ
株式会社 構造計画研究所
株式会社 構造設計集団SDG
株式会社 小林石材工業
山九株式会社
株式会社 白石コンテンポラリーアート
株式会社 水興社
スザンナ・シンガー
大成建設株式会社
タカオ株式会社
株式会社 竹中工務店
チェイム&リード
戸田建設株式会社
株式会社 中村組
株式会社 美留土
株式会社ユン美工
株式会社 ライティング プランナーズ アソシエーツ

企画監修：森美術館

編集：
南條史生（森美術館）、荻田麻子（森美術館）、
町野加代子（森美術館）

編集ディレクション：森田伸子

翻訳：
藤原えりみ（pp.8-13、pp.80-83）
梅宮典子（p.29、pp.76-79）、柳沢ひとみ（p.108）
Alfred Birnbaum
（pp.6-7、pp.16-21、pp.158-161、
pp.162-165、pp.166-171、キャプション）
Guo Yu + Darlene Lee（pp.76-79）
Charles Penwarden（pp.80-83）

校閲・校正：山田美智子
英文校閲：Meghan Sutherland、福田能梨絵

撮影：浅川敏（Zoom Inc.）

ブックデザイン + DTP：廣村正彰 + 木住野英彰（廣村デザイン事務所）

制作：株式会社六耀社

Direction:
Mori Art Museum

Editors:
Nanjo Fumio (Mori Art Museum)
Ogita Asako (Mori Art Museum)
Machino Kayoko (Mori Art Museum)

Editorial Direction: Morita Nobuko

Translation:
Fujihara Erimi, Umemiya Noriko,
Yanagisawa Hitomi, Alfred Birnbaum,
Guo Yu + Darlene Lee, Charles Penwarden

Proofreading (Japanese): Yamada Michiko
Proofreading (English):
Meghan Sutherland, Fukuda Norie

Photos: Asakawa Satoshi (Zoom Inc.)

Design + DTP:
Hiromura Masaaki +
Kishino Hideaki (Hiromura Design Office Inc.)

Production: Rikuyosha Co.,Ltd

アート・デザイン・都市　1
六本木ヒルズ　パブリックアートの全貌

発行日：2004年9月29日
企画監修：森美術館
発行者：森美術館
発行所：森ビル株式会社
〒106-6150　東京都港区六本木6丁目10番1号　六本木ヒルズ森タワー
TEL：03（6406）6100　http://www.mori.art.museum

発売：株式会社六耀社
〒160-0022　東京都新宿区新宿2丁目19番12号　静岡銀行ビル5階
TEL：03（3354）4020　FAX：03（3352）3106
http://www.rikuyosha.co.jp　振替：00120-5-58856

印刷 + 製本：凸版印刷株式会社

Art, Design and the City:
Roppongi Hills Public Art Project 1

First Published in Japan, September 29, 2004
Publishers: Mori Building Co.,Ltd. and Mori Art Museum
Roppongi Hills Mori Tower
6-10-1 Roppongi, Minato-ku, Tokyo 106-6150 Japan
Phone: +81-3-6406-6100 http://www.mori.art.museum

Distributed by Rikuyosha Co.,Ltd.
Shizuoka Bank Bldg. 5F
2-19-12 Shinjuku, Shinjuku-ku, Tokyo 160-0022 Japan
Phone: +81-3-3354-4020 Fax: +81-3-3352-3106
http://www.rikuyosha.co.jp

Printed and Bound by Toppan Printing Co.,Ltd.